武夷历史文化研究丛书

秀甲东南 生态武夷

——武夷山生态文明故事

主　编　祁新华
　　　　王袁生

副主编　刘赞尧
　　　　苏振才
　　　　张　茜

海峡出版发行集团 THE STRAITS PUBLISHING & DISTRIBUTING GROUP | 福建人民出版社 FUJIAN PEOPLE'S PUBLISHING HOUSE

图书在版编目（CIP）数据

秀甲东南　生态武夷：武夷山生态文明故事/祁新华，王袁生主编. —福州：福建人民出版社，2019.11
ISBN 978-7-211-08202-5

Ⅰ.①秀… Ⅱ.①祁… ②王… Ⅲ.①生态环境建设—研究—武夷山市 Ⅳ.①X321.257.4

中国版本图书馆CIP数据核字(2019)第256913号

秀甲东南　生态武夷
——武夷山生态文明故事
XIUJIADONGNAN　SHENGTAIWUYI

主　　编：祁新华　王袁生
责任编辑：程顺祺
出版发行：福建人民出版社　　**电　　话**：0591-87533169(发行部)
网　　址：http://www.fjpph.com　　**电子邮箱**：fjpph7211@126.com
地　　址：福州市东水路76号　　**邮　　编**：350001
经　　销：福建新华发行（集团）有限责任公司
印　　刷：福州德安彩色印刷有限公司
地　　址：福州市金山浦上工业区B区42栋
开　　本：787毫米×1092毫米　1/16
印　　张：12
字　　数：139千字
版　　次：2019年11月第1版　　2019年11月第1次印刷
书　　号：ISBN 978-7-211-08202-5
定　　价：58.00元

“武夷历史文化研究丛书”编委会

序

生态文明的核心理念是人与自然和谐共处。随着社会经济的快速发展，人口、资源、环境与经济社会发展的矛盾越来越突出。自党的十八大明确将生态文明上升为国家战略后，举国倡导建设生态文明。放眼全国，福建省的生态文明建设始终走在前列：2002年提出生态省建设战略，2014年正式获批成为全国首个生态文明建设示范区，2016年升级为生态文明试验区，福建生态文明建设走过了一段卓有成效的历程。近年来，虽然福建省经济社会建设步伐加快，但并未放慢生态文明建设的步伐，森林覆盖率、空气质量、水质等各项生态建设指标始终在全国名列前茅。

位于福建省西北部的武夷山，是福建省唯一、全国少有的世界自然与文化双重遗产。多年来，武夷山市始终坚持将生态保护作为立市之本、立业之基，坚持生态环境保护为先、保护为重，践行绿水青山就是金山银山的“两山”发展理念，并努力将绿水青山转化为“金山银山”，取得了举世瞩目的成效。目前全市森林覆盖率80.46%，主要流域水质全优，空气质量保持全国前列，武夷山成为全国首批九个国家公园体制试点区之一，获第二批国家生态文明建设示范市、国家首批生态旅游示范区、国家首批全域旅游示范区、国家森林旅游示范县等称号。武夷山市遵循习近平总书记在中央深改组第三十七次会议上明确提出的建立国家公园体制要“坚持生态保护第一、国家代表性、全民公益性的国家公园理念，坚持山水林田湖草是一个生命共同体”“构建以国家公园为代表的自然保护地体系”的精神，切实落实《国家公园体制试点实施方案》，出台与国家公园试点相配套的资源保护、生态旅游发展、区域产业发展、配套基础设施建设等方面的政策，“保护自然生态系统的原真性和完整性，给子孙后代留下一些自然遗产”，不辜负习近平总书记对国家公园体制建设的殷殷厚望。

在推进生态文明建设的进程中，武夷山市形成了成熟的做法经验、工作体系和制度机制，探索出可复制、可推广的武夷山经验、武夷山模式。武夷山生态文明的地方实践成效有目共睹，但要为我省乃至全国生态文明建设提供武夷山样本，为全世界生态文明建设贡献中国智慧与中国方案，就必须要讲好武夷山生态文明的故事。讲故事，既要与时俱进，加强创新，也要切合大众口味，使其更接地气。要曲高但又和者众，就要运用各种审美元素，以人民群众更能接受的形式呈现。《秀甲东南　生态武夷——武夷山生态文明故事》通过叙述故事的形式，以一杯茶、一座名山等为载体，图文并茂地展示武夷山生态文明建设过程中积累的宝贵的经验和先进的理念。通过鲜活案例的展现，让“绿水青山就是金山银山”绿色发展理念深入人心，让武夷山的故事传入千家万户。《秀甲东南　生态武夷——武夷山生态文明故事》切实代表福建、代表中国讲好生态文明故事，通过动人的、通俗的文字让全国乃至全世界都能共享生态文明建设的经验和成果，最终“让人民群众在绿水青山中共享自然之美、生命之美、生活之美”。

中共武夷山市委、武夷山市人民政府

引 言

半壁丹霞着红袍，岩茗幽香漫古道。朱子自此思格物，秀甲东南武夷山。

武夷山拥有独一无二的自然环境，得天独厚的地质地貌和气候条件，滋养着丰富的动植物，孕育了深刻的思想和瑰丽的文化遗产。

这里是“双世遗”的人间仙境，既有中国最美溪流九曲溪，又有千百年前闽越王族筑起的恢宏古汉城；这里是世界茶道的起源地，既有名震天下的大红袍，又有享誉中外的正山小种；这里是历代名流的聚居地，既是一代词宗柳永的故乡，又是理学鼻祖朱熹的弘道之处；这里是休闲养生的度假区，既有人们精心加工制作的熏鹅，又有新鲜天然自生的水中白莲、峭壁之上的云耳与藏在云雾之下的山笋；这里是不容闲人惊扰的保护区，既有被称为雨神的崇安髭蟾，又是生态林赎买的全国示范地；这里是集山水人文大成的自然综合体，既开设了生态银行，又建立了完善的生态价值核算与补偿机制；这里是红色革命老区，既注重乡村振兴，又不忘弘扬革命老区精神。

为了守护这份瑰宝，武夷山市积极推进生态文明建设，整顿力度之大、成效之显著有目共睹。在取得卓越成就的同时，我们希望武夷山的故事可以被传得更加悠远，希望那些宝贵的经验、先进的理念，可以通过动人的、通俗的文字传播出去，让全国乃至全世界都能共享生态文明建设的经验和成果，同时吸引更多生态投资，形成良性循环。

为此，我们编写出版本书。本书共分为三个部分：第一部分以武夷山的历史文化为主线，追溯了武夷山的前生今世；第二部分从武夷山的整体形象及自然生态着笔，勾勒出武夷山的清丽缥缈之姿，描绘了人与自然和谐共生的美丽图景；第三部分以武夷山的生态文明机制与产业发展为亮点，突出了武夷山的生态改革成果和文明风范。

目录

CONTENTS

目录

CONTENTS

第一辑

千年古韵

一杯茶，是道的茶；一条道，是茶的道。古迹通幽，今人遥望，不知在后人眼中又会是何模样？历史的长河中，多少星星点点的人与物，沧海一粟般闪现，而后又隐没。可它们带来的光，却是那么亮，足以撕破黑暗，在一路铺就的砖基上，用自己的名字，刻下不可磨灭的印章。

一杯茶：一梦古今得岩韵，客问千年武夷山

我驻足这脚下长街，远处，目光所及是那碧水丹山的武夷。

空气里弥漫着南方湿润的土壤气息和清新的青草香，无论是遮住天光的灰色絮云，还是从墨绿色的山野上升起的岫烟，都汇在一起，把这苍苍的大山，把那静谧的小镇，全都浸在氤氲的水汽里。

云雾昭昭，烟雨茫茫，不知道是从哪一片云彩里拧出的水，降落在人们的衣上、身上，也包括那山脚下的镇子。雨丝细密如织，丝丝缕缕，瞬间，给房顶上乌黑的鳞瓦附上一层柔软青烟，车声，人声，虫鸟声，全部都被这潮气包裹了，稀释了，只剩下水珠从屋檐下一个接一个地滑落。

路上的行人都忙不迭地找地方躲雨，我亦惶惶然不知所措，如一只淋不得雨的猫儿四处流窜，匆忙间闯进一座小筑。

扑面而来的是沁人心脾的茶香，仿佛将我的眉眼都抚弄过一遍，这温暖的香气化开了刚刚扎在肌肤上的冷雨。我戳在原地，竟不管这是何时何地，只顾贪婪地嗅着，妄图让茶的芳香与我融为一体。

愣怔了半晌，一偏头才发现四下无人，自己身处于一间小厅，厅内陈设简约，韵味古朴，正面一方长桌，桌上茶具、瓶花俱备。房间里有两扇雕花精致的窗棂，设了飘窗，上面摆着小几，应是喝茶用的。多宝格上几个小盏玲珑可爱，上面都用娟秀

茶中之王：母树大红袍 肖文凤／摄

的小楷写着各自的茶名——大红袍、正山小种、金骏眉……

我正看得出神，这时，一位女子从里间走出来，她对我的突然造访似乎并不感到惊讶。她身着素白衣裙，乌黑的眼睛，墨黑的长发，眼角眉梢都带着笑，裙裾飘飘，身姿摇摇。

直到那女子开口问道："客是进来避雨的？"我才反应过来，自己刚才一直呆呆地盯着她看，着实狼狈。

"客，请坐。"还没等我回答，她就热情地招呼我，坐到那长桌前的一把圈椅上，伸出素手，皓腕轻旋，备、洁、赏、投、洗、泡，如仙子抚琴。

最后，一杯清茶奉入我的掌中，我道了声谢，隔着那温润柔和的小瓷杯，感觉这茶的温度，从指尖向全身，蔓延开来。

"哎，本来想着今天游览一下武夷风光，没想到忽然下雨了，幸好有您这样的店家肯让我进来小坐。"

"您不必客气，这便是我们的待客之道，远道而来为的不仅是赏那山间美景，也要品我们这武夷岩茶。"她捧起一盅茶，望向我，眼中似乎有万千山水沉静地坐落着，令人安心。

"武夷山的茶，是17世纪时全世界认可的'中国茶'，茶从这里走向世界。"

我低头，看见那如琥珀般明澈的琼浆在无瑕的白瓷盏里静静地映着我的眉眼，呷了一口，这一口，甘味化在我的舌尖，沿着我的味蕾，伸向五脏六腑，并非甜腻，而是甘沁，唇齿生香。我不禁怀疑这茶是滑进了我的喉咙里，如此顺畅，毫无涩味，恨不得将自己的每一寸肌理都揉进这浓浓的茶香。

"这便是武夷岩茶的'岩韵'了。"女子看着我喝下一口茶后喜上眉梢的表情，不禁笑道。

马头岩茶园　王震潭／摄

“岩韵？”

“武夷岩茶，活、甘、清、香，生于岩缝之中，制法介于红茶、绿茶之间，所以同时具有绿茶之清香，红茶之甘醇，是中国乌龙茶之中的极品。”

“而其中最负盛名的，”她一边说着，一边抚着白瓷杯缘，“就是这大红袍了。”

“原来这就是大红袍！传闻冲至9次尚不脱原茶真味，故誉为‘茶中之王’！”

“是了，”她轻轻颔首，“客安知，这武夷山大红袍的来历还有一段有情有义的传说呢。”

“那是什么样的故事呢？”

“你且听我慢慢道来，话说明洪武十八年，在那武夷山天心岩九龙窠有一株茶树……”说着她又开始注水洗茶。彼时她泡茶的动作，茶的香气，眼前的武夷山景色，都被袅袅娜娜的茗烟晕开来。

我迷醉了，醉在这山水，这茶香之间。岩韵，已经入体，入髓，入魂。手中的那盏茶，只见杯光中扬起了一圈圈波纹，涤荡出茶香，模糊了我的面影，模糊了我眼中的一切，刹那间似天地鸿蒙，便纵身向那钟灵毓秀，斜日飞鸿，一去不还。

恍然间又是一轮明月初升，忽听得有人高声呼喊：“小师父，担心呐。”

我猛然睁开眼，发现自己正立于悬崖峭壁之间，只见四周山峦屏障，陡峭的岩壁夹着幽谷，丹霞岩体如同巨轮般劈开了峡谷中的浩渺烟波，云雾弥漫，幽涧泉流。头顶的狭窄天空挂的是午夜时分的新月，在残云里半遮半掩，脚下是旁逸斜出的岩峦。

九龙窠茶园　张筱惜／摄

仙人岩　陈建新／摄

我顿时一阵胆寒，身子却依然稳稳地站定，仿佛扎了根。

等等……扎根？

我挥了挥手，摇了摇头，叶叶相交，树影婆娑。

我正怅然无所知，忽见一个身影正紧紧贴在我下方的崖壁上，小心翼翼地挪动着。地面上，不断有几人提着灯笼聚拢过来。他们抬起头，神色紧张地抬头仰望着崖壁上的人。

只听有人问道："那不是天心寺的怀真小师父吗！怎么跑到上面去了？"

"他说，那九龙窠的茶树叶没准能救活那位重病的书生，所以就冒险爬上去采了！"

"这，这，这，这也太危险了！"

天心寺……我脑中闪过万端思绪，想起那句"明洪武十八年，在那武夷山天心岩九龙窠有一株茶树……"

一觉醒来，我竟变成了那株茶树?!

来不及细想，那和尚已又迈一步，便站到了我的面前，山坳里的清风吹动着他的长衫，清瘦颀长的身形若隐若现。

只见他掌心合十一顿首，口中念道："弟子天心寺怀真。"

接着抬眼，他的眼神落在我身上，那目光里似乎有什么东西是我无比熟悉的，他的眼中似乎有万千山水沉静地坐落着，令人安心。"万物有灵，还望佛祖感念弟子心诚，让这武夷神茶救下那位举子的性命。"

看着他顶着一颗光溜溜的脑袋，诚恳地对着一棵茶树念叨的认真样，我忽然觉得有些好笑，扑哧一下，树枝叶子都晃得沙沙响，下面的人打着灯笼，看到茶树枝叶招摇，都以为是树灵显了神通，急忙叫道："显灵了，显灵了，神仙显灵了。"

我心想，说是神茶其实并不假，现代医学表明，大红袍中的茶多酚、茶多糖、茶氨酸三种有益成分的含量都比其他茶叶高出很多，具有消毒、止渴、解暑等多重功效，当然这与武夷山当地的温和气候和适宜土壤有着密不可分的关系。

正想着，那和尚已伸出手来，取了我几枚新叶嫩芽，又再三拜了拜才往回返。我目送着他平安回到地面，看着他被地上的乡民扶稳了才放下心来。

原来他们是为了救助一位进京赶考的书生。这位举子奔波劳苦，不巧刚到武夷山就生了一场大病，在当地人的精心照料下，也托了和尚采下的“神茶”的福，病总算是痊愈了，于是谢别武夷山，循着那仕途的康庄大道一路北上去了。

自此不知道过了多少次月落日升，一天微雨初晴时，阳光照进山谷，被还未散去的雾气洒向漫山遍野，我听到喧嚣的鼓乐之声从山的那一头传来，人们都在说，当时依依惜别之人呐，早已红袍加身，但是他忘不了这里的山、这里的人和这里的茶香，不远万里，也要回来看看。

“大人，就是峭壁上的那一株。”有人把我指给他。从徒步进京的举子到意气风发的状元郎，再到如今的四品红袍，他看着我的时候，不仅述说着当年的那段茶缘，而且眼里还饱含着沧桑和感慨。

他二话不说就攀上了岩壁，解下了身上的红袍。绯色的衣袍盖在我的树冠，彼时残阳如血，我那新叶芽头顶着红尖尖，一瞬间好像被这袍子浸染，融为一体。众人惊叹道：“你们看，那是大红袍。”“是啊，就是大红袍。”

原来，这就是大红袍，百年来在滚烫的茶水之间流淌的情谊，我含笑，合上了眼，这一闭眼，便又是沧海桑田。

我仿佛化成一片茶叶，从武夷山中的茶树上被摘下，目睹惊涛拍岸，千帆尽过，大漠黄沙，驼铃声声。一代代的茶商用岩茶填满行囊，从武夷山出发，在鼓起的白帆下，在摇晃的驼背上，高声呼喊："卖茶去，卖茶去，从东方到西方去！"

我仿佛看到，英伦的咖啡馆门前，年轻的侍者卖力地招揽着顾客："新鲜咖啡！新鲜武夷茶，先生！"那些金发碧眼的贵族笨拙地学着闽南语里的茶和武夷，一遍一遍念着"tea"和"Bohea"。

从西欧到北美，东印度公司的巨轮满载武夷茶，从广州港辗转英国，最后在波士顿沉入一片汪洋，点燃了美国革命的烽火。十年后，乔治·华盛顿将"中国皇后号"送出波士顿的港湾，开启了中美贸易的先河。

1972 年，大红袍被当作国礼赠送，尼克松不解地看着这只有四两的茶叶，周总理一句"主席已经将半壁江山奉送了！"顿时令他肃然起敬。原来，武夷大红袍是历代皇家贡品，一年只产八两，这四两，正好是"半壁江山"。

武夷有岩茗，世界的中国茶。经历了朝代更迭，世纪变迁，依然保留着独特的香醇，在历史上留下无数的流光溢彩。

在梦里，我已跨过万水千山，经历时光荏苒。大梦初醒之时，我竟已经不在先前的小厅里，而是站在来时的长街尽头，望向巍峨的武夷山。雨已经停了，街道两旁的灌木全部被洗净，散发出清透的绿色，在阳光下生机勃勃。

我一时有些迷离了，拉住一位清扫店面前庭的阿婆，问她这条街上是否有一年轻女子，开了一间小筑，却得知没有此人此地。

“那一家，你不晓得店名？”

我摇了摇头，无奈地说，只是碰巧进了她家。

“那你可要好找哟。”阿婆看我懵懵懂懂的样子，笑着摇了摇头，脸上折起慈爱的笑纹。

“是有些遗憾，不过缘分这东西不可强求。”我又想起那场梦，更觉得神奇。

我的思绪又回到眼前这美丽的武夷山，不禁感叹道：“真是羡慕你们，这样美丽的风景就是自家的后山院子。”

“哈哈哈，话却不能这样说，”阿婆听我这样说，纠正我道，“我们脚下这砖、头顶这瓦可以是我家，但这绝伦的美景却是天下的，当让全世界共享。”

我被她的话震撼，转过头望着阿婆，只见那位老者，穿着朴素，满头银丝都被一丝不苟地盘在脑后，暖阳照在她脸上，红润了她的面颊，连笑起来露出的酒窝都盛满了温暖。她也望着我，眼中似乎有万千山水沉静地坐落着。

（唐瑞欣 / 文）

一座名山：理学大师的导游

夏日的某一天，在武夷山生活了一辈子，已经作古近800年的朱熹，在九曲溪边的山谷中，睁开了眼睛。这位理学大师来不及惊讶，就已经被热情的导游拉进旅行团充数了。10个人，刚好成团。

福建省东南一角，经过了亿万年的地质演变，前震旦系的变质岩，中生代的火山岩、碎屑岩、花岗岩形成了一处绝美的秘境。终年覆盖常绿林的武夷山，秀美之余拥有着得天独厚的天气，一面阻挡来自北方带着寒意的气流，一面拦截来自南方沿海

武夷山世界文化与自然遗产地　陈美中　杨锦毅／摄

玉女峰九曲溪　黄小宇／摄

温暖的气流，使得这里四季分明，春生万物，夏唤风雨，秋催叶落，冬落霜雪。它是东南屋脊，闽赣分界，绿植覆盖之下人文气息涌动，像烟像雨又像风，弥漫在秀美武夷山的角角落落。导游介绍，武夷山再不仅仅是中国东南边缘的一座山，在2017年的7月9日，它被成功列入世界文化与自然遗产地。

“世界文化和自然遗产？是什么意思？”朱子摸摸胡子，一脸疑惑。

“既然你不知道，那就一起去瞧瞧！”导游兴奋地带着一帮人等浩浩荡荡开始了旅程。

武夷奇峰立于大地，山靠水，水绕山，山水不离，说不清是山依着水还是水靠着山。大自然用斧子劈就的柱状山，风风雨雨毫不留情再将它们历练上一番，柱状的花岗岩被磨出各种各样的形态。山峰奇形怪状，雄鹰展翅，猛虎前冲，猴子水中捞月，姑娘弯腰采夏荷，壮汉荷锄伴月归，宛若无数生物被石化，无奈囚禁于武夷山的溪边，千百年纹丝不动，低头看溪水流淌，或湍急或平缓，跃过水坝，淌过鹅卵石，在内心阵阵叹息，身不能动，却情态万千，就是那些间或掠过山峰的雀鸟也令人羡慕。朱子看到些许熟悉的柱状山，再次表示了叹息。

朱子才下九曲溪，扑面而来的清凉就让他忘记了夏天的存在，比躺在竹席上吃西瓜更加清爽。千年之前朱子和好友辛弃疾同游九曲溪观景赋诗的场景依旧深深印刻在朱子的脑海里。当年这里只是少数文人骚客隐居的绝佳胜地，而如今九曲溪游人熙熙攘攘，朱子差点适应不过来。九曲溪水流啊流，小竹排啊摇啊摇。船夫披上蓑衣，戴上草帽，挽起衣袖，皮肤被南方的太阳晒得黝黑发亮，一根长长的竹篙，一篙破开溪水，溅起细密的水花，惊起竹排底下的小鱼。所经之处满眼的绿，竹林的绿，溪水的绿，洗衣裳小姑娘身着裙子的绿。偶尔一个险滩，打着旋涡的溪水要把人转进去。船夫高声提醒："坐稳咯！"朱子才刚觉得惊险要做好心理准备，几下摇晃，拍拍心口，那惊险的旋涡就已经在后面了。在九曲溪沿岸的奇峰中，有一处最令人回味。大王峰形似皇冠，巍峨雄浑。玉女峰由三块削岩组成，神似比肩的玉女三姐妹。大王峰与玉女峰隔溪水相望，含情脉脉，溪水好像从中作梗，断了一对情人的情思。相传大王是一位勇敢的青年，带领大伙疏通河道，劈山挖石，得以制服水患。有一天玉女驾云游四方，被武夷山的景色吸引，偶遇了勇猛的大王，从此一对情人徜徉于山水之间，相亲相爱。玉女私自下凡被玉皇大帝知道，玉皇大帝震怒之下，竟然将大王和玉女变成了不能动弹的山峰，衣袖一划，化了一座溪流令他们永隔两岸。两座山峰的故事，浪漫了整个世界，游客纷纷来到九曲溪，瞻仰两座山峰的风姿。故事借鉴了牛郎织女的鹊桥，又融入了刘三姐化作鲤鱼山的情节，勤劳的武夷山人民用丰富的想象力赋予了这两座山峰真善美的寓意。

西部山区是生物多样性保护区，山地地貌的复杂化最终导致了生境的复杂化，海拔塑造的气候孕育了万千树种，山脚下是常见的常绿林，往上是生长在寒冷气候之地的针叶林，再往上则是低矮灌木和草甸。朱子跟随着导游的脚步，漫游于深山，在 600 米的山腰，他看见了一棵高达 30 余米的南方红豆杉树，笔直的树干伸入看不见的天际，它的汁液可以提炼出一种治疗癌症的特效药，价值超过黄金。他遇见了一片中国仅存的南方铁杉林，这种已经快绝迹的杉树迤逦于武夷山的半山腰。满山的林木吐出氧气，除尘灭菌，造就了武夷山清新的空气环境。朱子满意地摸摸自己的胡子，武夷山的草木还是如此繁盛，小松鼠偶尔在头顶拖着大尾巴一闪而过。据导游介绍，武夷山有 11 个植被类型，840

大王峰　吴心正／摄

种低等植物，2888 种高等植物，几乎囊括了亚热带地区的全部植被，绿水青山就是金山银山。朱子听得迷迷糊糊，有些名词以他的千年之前的认知根本理解不了，可是朱子知道，武夷山的植物和动物依旧繁盛，是一座生物的宝库，是武夷山人民的福祉。

于是朱子明白了自然遗产的意思，自己路过的山、水和树木，就是武夷山留下的自然遗产。

踩着寺庙飘来的裹挟着山林潮气的钟声，伴着缭乱的山雾，他们来到了山麓之下的城村稍事休息。这个在千年的时光里人烟不绝的古老村落，潮湿的青石板，老旧的阁楼，白色炊烟袅袅，总角小儿抓着糖葫芦在嬉笑，白衣少年坐在门口板凳上翻着泛黄的书卷，拎着相机的旅人在滴水的屋檐下漫步。得益于武夷山丰富的物产和怡人的气候，这里的人民生活得依旧富足宁静。外面落了雨，他们坐在街边的茶馆里泡上一壶大红袍，目光透过散发着凉意的竹帘。朱子回想起了往事，以前这村子里的少年，撑一把油纸伞，冒着雨夹着书本向自己求教。读万卷书的朱子通晓这村子的历史。生活在城村里的人们相信，三四千年前，这里生活了一个古老的族群，至今仍留在九曲溪两岸悬崖岩洞里的多具船形的悬棺让生活在这里的古闽越人蒙上了一层神秘的色彩。朱子和友人曾经无意中误入洞穴遇见过悬棺。生前居于洞穴，死后仍然不离绝壁，这是武夷山古人的痴恋。伴着清雨，导游说起了朱子不曾知道的历史，城村其实是消失了 2000 多年的闽粤古国的王城。朱子惊讶了，在他的印象中，2000 多年前的闽粤古国仅存在 90 余年就很快覆灭了，全部人民迁移去了北方。喝完茶后，他们踱步慢悠悠地前往王城遗址。这块坐落于河畔之处的建筑遗址，已看不出曾经繁华如梦的痕迹。朱子从一个四四方方的盒子（电视）里看见了闽粤古国曾经的景象，背靠青山，东南沃野千里，建筑依山而建，河流环山而流，城墙随着山峦的起伏而修建。朱子摇头，古国曾经兴盛，最终依旧走向消逝，残余的历史被封存在山间，留下许多叹息只能被云知道。历史向前走，从来不停留。

五夫里，距今已经有1000年的历史。1143年，朱子来到这里求学，在这里度过了自己的一生，在这里成了中国朱子理学第一人，朱子的雕像还在这里随处可见。如今这座古老的村落在老旧中透露着古朴，常春藤爬满了斑驳的墙面。在兴贤书院，继往开来的牌匾高高挂在大厅，朱红的木柱撑起了一方理学的天地。朱子曾经在这里教导了各地慕名而来的学子、左邻右舍的子弟。空间不大，仿佛还回荡着智者的声音，他们正是从这里走向了全中国。然而在武夷山，对朱子最重要的是武夷书院，朱子在这里著书立说，悟出了天理是世界的根本的思想，称霸中国封建社会700余年。武夷书院只剩下了残垣断壁，遮不住风挡不了雨，却使得武夷山成了中国古代思想最重要的发源地之一。如今，无数学子依旧慕名而来，怀着对知识最高的崇拜来到朱子曾经生活、教学的五夫里，希望有朝一日金榜题名。望子成龙望女成凤的父母也来到这里，期望子女在不久的未来依靠知识脱胎换骨。这里有最浓厚的从800年前遗留至今的崇学氛围，至今不散，愈久愈浓。

于是朱子又明白了，消失的古国，神秘的悬棺……还有自己，都是文化遗产。

深山峡谷之中，溪水之畔，云雾终年缭绕，阳光和煦，生长了一种最得朱子青睐的植物，因着它散发的清香，勾住了朱子一辈子。它在武夷山的岩石上生长了千百年，融入了武夷山人的喜怒哀乐，形成了自己的滋味绵长，这就是武夷岩茶。武夷岩茶曾

玉女夕照　陈美中／摄

经是专门呈给皇帝享受的贡品，也是外国人口中的中国茶。它改变了武夷山人民的生活。正是采收季节，朱子站在满是清香的茶田之间，茶树层层叠叠，绿油油煞是可爱。年轻的采茶女包着头巾，皓腕如霜雪，唇边绽放的是收获的喜悦，动作轻快灵巧，片片嫩叶就进了竹编的茶篓子里。不久之后，这些新鲜的茶叶，在武夷山人勤劳的双手下，经过数十道工序之后，将成为岩香四溢的珍品。饮茶需用兔毫盏，盏身乌黑，浮现大大小小的斑点，盏口是蓝色的光辉。可惜了，据导游说，出产兔毫盏的遇林亭早已成了废墟。

朱子的旅程结束了，他重温了从前熟悉的山和水。武夷的山水和历史给了武夷山人民富足的生活，他们拥有武夷山也保护武夷山。武夷山人民脸上的笑容比800年前更灿烂，他们在茶园里劳动了一天，归家之后泡一壶简单的清茶，坐在家门口看晚来夕阳南山垂，驱散了一天的疲惫，他们简单、平和、感恩。不知何处来的旅人也许被世界自然和文化遗产的名头吸引，这里没有人间的喧闹，没有工业时代的浓烟和汽车尾气，也没有打着古镇名头挂羊头卖狗肉的虚名，他们都在秀美武夷山停住了匆忙的脚步，爱上了这座散发着林木清香和馥郁书香的大山。

朱子向农家讨了一杯茶，入喉的滋润让他眯起了眼睛。武夷山不仅仅是一座山，也是自然，更是历史。

（包雪艳 / 文）

一位理学鼻祖：紫阳院中传理学，九曲溪间悟茶道

山之东南，一座千年古镇静静屹立；紫阳楼上，潭溪河畔，古樟树和风歌唱；兴贤古街，拱辰山下，开善禅茶散发悠悠清香；五夫镇里，荷塘月下，理学文化缓缓流淌。朱子理学的摇篮就从有“白莲之乡”和“邹鲁渊源”之称的武夷山市五夫镇上兴起。

13岁那年，朱熹便遭受了丧父之痛。失去严父的朱熹，痛定思痛后，遵从生父生前的遗愿，携母亲来到崇安（今武夷山市）五夫里，投靠父亲朱松生前的挚友刘子羽。刘子羽视朱熹如同己出，还建造了“紫阳楼”以供朱熹母子居住。朱熹于是定居武夷山，开始了自己的理学传道生涯。

南宋淳熙十年（1183），武夷山九曲溪的五曲隐屏峰下，一座“武夷精舍”悄然落成。这是朱子亲自建造的传道之所。他于舍中广收门徒，聚众讲学。来此听学的学子多达数百人，他们不辞辛苦，从四方赶来，只为了求学问道，潜心精进。当时知名学者蔡元定、詹体仁、祝穆、沈默等都曾就学于此。然这“武夷精舍”从外观上却丝毫未见一点精细之处，只见草屋几间，且布置简陋，所占之地竟只有三亩，从开始到建成，用时也不过百来天。这精舍之“精”，一是在其位置。武夷山水共九曲，但大多都是急流险滩，乱石遍布。然这第五曲却别有洞天，水面平坦开阔，只泛微微涟漪，着实温和可爱。朱子深谙其道，匠心独运，将舍址定于五曲之畔，隐屏峰下，两麓之间，并亲自布其内部。堂、

亭、斋、室井然有序，各安排在不同方位，布局微妙，尽显山水之色。这不仅是用来自住的精舍，更是接待朋友的书香之苑。观善斋、寒栖馆常迎道友暂住，晚对亭、铁笛亭常留雅士品茗。二是在其山水。不消说这舍内檀香淡淡，苍松青翠，连那舍外也是竹篱环绕，满目葱茏。三便是其人文。朱熹自力更生，亲自率领众多弟子拿着铁锹，携着畚箕，艰苦而又认真地营建这“武夷精舍”。但是这精舍最精的，应是传道之精。朱熹一生仕途坎坷，难顺其意。任官七载，立朝却只有46天，任祠官达23年，待职、无职或者罢职16年。仕途上的不得意使得他将自己毕生的精力和热情都用在了著述、讲学上。他潜心著作，成果颇丰。后人为他编定的文集共分26门，有140卷之多。由他创建、修复及题字、讲学的书院多达五六十所。

令人敬佩的是在“伪学”严禁期间，朱子也不曾放弃在考亭讲学著述。当时四处早已草木皆兵、风声鹤唳，朱子为了躲避祸乱，常应他人之请，外出讲学、游览。古田、福州、泰宁等处都曾留下他的足迹，若是一时兴起，又或是心中有感，便挥笔而就，留下些许珍贵的翰墨。虽辞别万里，梦里的山河仍旧令他魂牵梦绕。求学多年的五夫里、葬在故土的家父、开满荷花的门前池塘、幼时嬉戏游玩的鹅子峰一次又一次地出现在他的梦中。即便是在这样危险的处境下，朱子也未改孝心，不忘乡音。

庆元党禁后，凡是涉嫌伪学者都不能承举子业，但是朱熹和门生们却不肯屈服于权势，就算放弃功名，也不愿意放弃圣人之学。在党禁风波还没平息之时，曾有人劝朱熹遣散学生关闭精舍，朱熹却一笑置之。他时常在武夷精舍讲学，可见其蔑视权臣、立志圣贤之学的决心是何等坚定！

庆元六年（1200），朱子已到了古稀之年。那年三月初，他

武夷精舍　阮雪清／摄

朱子诞辰888周年活动大典　黄麟球 / 摄

的病情开始急剧恶化，但他仍凭借着坚强的意志，拖着病躯继续讲学著述，给广大门徒讲课解疑。他就是这样战斗到了生命的最后一刻！即便是在他死后，他的遗书，仍然透露出他对道学的严谨和热爱。在临死之前，他心中牵挂的仍然是理学之道、立学之事，完成《礼书》的编著便成了他生前最大的遗愿。一位伟大的理学鼻祖就这样离开了，无人不悲痛，无人不哀思。南宋诗人陆游所文曰："捐百世起九原之思，倾长河注东海之泪。路修齿髦，神往形留。公殁不忘，庶其歆飨。"这样一位大家，即使他的躯体早已湮没，他的精神、他的风骨依然令人敬仰，令人铭记。也正因为朱子对理学的热忱与奉献，许多知名学者慕名而来，聚集于武夷山下。他们创办书院，兴办学堂，使得武夷山成为南宋时期的一座文化名山。

然朱子讲学布道不仅仅只在于传道解惑，更在于寓教于乐。一首《观书有感》揭示深刻哲理，引人深思："问渠那得清如许？为有源头活水来。"

池塘虽然只有半亩，却清澈见底，如同明镜一般，将万物都照映得明亮。天上浮云遐游，云彩慵懒，它们的影子，静静地倒映在水面上，慢慢移动着。可这池塘的水为何如此清澈呢？正是因为那源头上源源不断流动着的活水，才使得这水如此清澈啊！水如此，人亦是如此。只有开放思想，不断接受新事物，才能保持思路的活跃。而这半亩小小的池塘，竟然也能给朱子如此大的启发，也让我们明白，在生活中，应当多多观察，多多思辨，于细微处中见真知，从平凡之中砺灼见。

而除了这首家喻户晓的《观书有感》之外，朱子的另一首诗词《春日》更透露出他对生活的观察，对自然的热爱："等闲识得东风面，万紫千红总是春。"

春和日暖，鸟雀呼晴，到这泗水边上来看看。严冬已过，春天悄然来临。万物初生，肆意生长，这样的风光怎能不叫人心旷神怡？惊喜于春天的到来，惊喜于一朵花的绽放、一只鸟的轻啼。春风温柔，万花千草都迷恋它的爱抚，它们在春风的轻拂下，变得绵软，红了脸色，醉了心房。朱子是多么繁忙啊，案牍使他劳形，文卷也使他伤神。然而在这匆忙之间，他却未曾丢失一颗热爱自然、追求自由的心。

朱子讲学绝不只是满堂的“之乎者也”，也绝不是成日的伏案钻研。他生性自然，不受拘束。若是得个好天气，便与门生们畅游九曲，弄舟赋诗。他们边走边吟，一首《九曲棹歌》即刻而成。“武夷山上有仙灵，山下寒流曲曲清。欲识个中奇绝处，棹歌闲听两三声。”幔亭峰上众仙宴请宾客，玉女峰下妙女临水敛容。鼇船啊，不知停棹几何年，月光呵，也曾满山又满潭。筏在水中流，情随景致转。一曲后二曲，又绕几个弯。舟遥遥已轻扬，水湍湍已到岸。歌声在山野间回荡，回环往复，不绝如缕。诗句清丽活泼，浑然天成，乐府古韵，余韵未绝。

徜徉于山水之间，将理学之道置于天地之讲台，融合精义于山水。胸襟，气魄宏伟；用意，研精构深。正如钱穆之所言：“出仕则志在邦国，著述则意在千古，而其徜徉山水，俯仰溪云，则俨如一隐士。此亦可以窥见朱子性情之一面。”然朱子性情之另一面，便是嗜茶如命，俨然一茶痴。

朱子于武夷山蛰居近 50 年，因为嗜茶，把爱喝的酒也戒了。清晨，天还微亮，露水还未晞，朱子便背着竹篓到茶园采茶，在碧绿茶山中，他早已忘却了时间，忘却了尘世，只沉浸在这一捻一摘中。而在这武夷精舍中种满了茶，每一处都染上了茶的清芳。而在这五曲溪中，茶灶也早已建起，朱子便与友人在此细品清茗，坐而论道。白居易曾在《山泉煎茶有怀》中写道：“坐酌泠泠水，看煎瑟瑟尘。无由持一碗，寄与爱茶人。”想必朱子与乐天居士有所共鸣。讲学结束之后，缓缓坐在石椅上，倒上一杯清凉的水，静静地注视着一碗正在煎煮着的茶。碧色的茶粉早已研磨得精细，如同轻尘般细碎飘逸。顷刻间，茶香四溢。手端热茶，不需要言语，也莫要追问。只需将心中的情感倾泻于茶中，寄予相思之人，就着这杯浓茶驱散这一天的疲惫与辛劳。茶是清淡的，是淡雅的，是中和的。朱子曾发问：有些食物吃起来十分清甜，过后却感觉到酸楚；有些食物吃起来十分苦涩，过后却有丝丝回甘。这是什么道理呢？他也做出了回答：这便是我们常说的先苦后甜啊。只有一开始就勤学苦练，才能在此后享受到生活的快乐与安逸。若无先前的吃苦耐劳，哪有此后的轻松愉悦呢？

这茶中之道，想必朱子早已了然于心。谦虚淡泊的朱子，就宛如一杯清茶，沁人心脾。喝茶悟理，以茶悟道，以茶当酒，这就是圣贤之举；与茶为友，与林为邻，此便是朱子清贫生活的真实写照。

如今朱子早已逝世多年，然而他的事迹他的为人仍被后人传颂着。过去简陋破败的紫阳楼，现今早已修复落成。青色的砖，青色的瓦，青色的竹子在屋前静静伫立着。青圃数畦，方塘半亩，当年朱子亲手种下的樟树也已经可以拱抱。这座朱子整整生活了近 50 年的武夷山，记录了他浮浮沉沉的一生，吸引着无数的崇拜者纷至沓来，只为寻觅，只为窥探，那千年前引起人们无尽遐思和敬慕的圣人遗迹。

（郭艳梅 / 文）

一代词宗：魂归故里，换了人间

盛夏时节，阳光却藏匿得无影踪。取而代之的是肆虐的暴雨和泥泞的小路。暴雨初歇，人潮退去。武夷山的大王峰下，一座阁楼式的建筑静静地矗立在竹林中。对面是挺拔翠绿的幔亭峰，四周是青翠细直的苍松，古朴建筑于山烟缭绕中，显出一副闲淡的神色。踏门而入，一面雕刻着诗词的石墙赫然映入眼帘。位于中间的，便是那首广为传诵的《雨霖铃》。“骤雨初歇，都门帐饮无绪”一句倒是应了此情此景。一转身，便见草坪上矗立着一座铜像，那人右手持一书卷，左手背于腰后，眉宇微蹙，似在凝思。转过石墙，便见一匾额悬挂于阁楼上，“白衣卿相”四字便交代了此人的身份，他便是一代词宗——柳永。

鲜衣怒马少年郎，一曲诗词走四方。他曾在白水山间嬉戏，看夏日荷花是如何开满池塘，弥漫阵阵花香；也曾攀过藤萝，爬过高岗，又涉水过溪穿过林莽，于中峰寺中挥笔而就，留下诗词几行；更曾独游那“六六真游洞，三三物外天”的九曲溪和三十六峰，留下一段《巫山一片云》令人们无尽遐想。

他生于武夷山五夫里白水乡（今上梅乡茶景村），从小聪慧灵通，才华横溢，一首《题中峰寺》让他获得了“金鹅峰下一支笔”的美誉，出走一生，却考场失利，自封“白衣卿相”，“忍把浮名，换了浅斟低唱”，晚年却客死他乡，后人只能从仙逝之地取一抔黄土带回武夷山，以表魂归故里之意。

自从辞别爱妻，赴京赶考起，他便对故乡望眼欲穿。就连魂魄，也迫不及待地想穿过那长长的桥廊，在梦中回到故乡看看。

村门口的那大片池塘，依旧荷花摇荡，除了那荷花鲜红，还有那青梅树，翠翠苍苍。“家乡多了这么多青梅树啊，来年春天必是青梅肥硕啊。”他一面感叹，一面欣赏。然而这青梅树却不简单，这树下竟还有一片瓜田！他诧异吃惊，俯下身去，林下套着许多小西瓜，上有青梅，下有西瓜，果实肥硕，着实智慧。忽

词宗柳永　肖文凤／摄

然，他听见一阵“嗡嗡”声，抬头一望，竟有一片野蜂飞舞。这林里竟还放养着一群蜜蜂！他大吃一惊，赶紧闪了身去，怕被这调皮的野蜂蜇了去。他随即退到一树丛旁，正欲歇息，便听着一阵窸窸窣窣的脚步声。他藏在一大片叶子下，偷瞄那来的人。

林子里来了一老一少，但他们的穿着都很奇怪，短衣短裤，看着十分清凉，没有那衫儿厚袖子长，头发也剪得碎碎短短。这想必是千年之后人们的打扮吧，可真是变化不少啊。正当他观察之余，那年老的先开了口：“青梅树下套种西瓜，林里放养蜜蜂，可真是一地多收啊！真是不错呀！想当年这里还是违法开垦的茶山，自去年初进行茶山整治后，我们开始使用套种经济作物来复绿，收入真是增了不少！”“是啊，”那年少的也开了口，“这种植模式既降低了西瓜种植成本，又为青梅树松了土、提供了肥源。西瓜再过个把月就可采摘，而青梅树到明年春季也会挂果啦！”真是厉害啊，想不到我的子孙们竟有如此智慧，既有效利用了资源，又创造了不少财富，只是这创造的财富有多少呢？正在他迷惑之际，又听那年少的说道：“这每亩青梅林一般可产果子3000公斤—4500公斤，按照市场的价格每公斤4元计算，每亩可收入1万多元，除去树苗、人工管护等成本，1亩实际可获纯利润近万元。再加上套种西瓜、养蜂的收益，那创造的利润实属可观啊！”“竟有如此之多，这财富真是多得不敢想！”“是啊，我们可下了那么多功夫，能不创造财富吗！之前乡里组织我们到漳州诏安和广东普宁考察青梅种植技术。年底，村里还引进了诏安的青梅树，我们书记还探索壮大村财的模式，结合精准扶贫工作，带领贫困户积极种植青梅树400多亩。除此之外，我们还和福建农林大学蜂学学院达成合作协议，学校提供具有专利的蜂机具，并组织蜂农进行统一的技能培训。蜂蜜收割后，蜂农可自行销售，余蜜由蜂学学院指导合作企业以保底价回购蜂蜜，能保证蜂农的基本收益。”“为了创收，他们竟还想出了这么多方法，而且能勤学好问，不断汲取新知识，用知识来武装自己，并且还能结合现场实践，知行合一，必能有所收获。”“我们茶景村海拔较高，昼夜温差大，西瓜特别甜，许多市民购买西瓜都认准上梅产的呢。”听着这自豪的语气，柳永心中的自豪感油然而生。这九山半水半分田，养育了多少乡村！他望着那青翠的鹅子峰，那蜿蜒的梅溪，那开满了池塘的荷花，千沟万壑，群山绵延，江流纵横，胸中顿起波澜，正想写诗抒发几句，忽然听到远处传来一阵熟悉的歌谣：“娘啊娘，有女不嫁金竹洋，灶前出笋仔，灶后踩泥浆，猫猪爬背脊，石蛙咬脚跟，五里不闻公鸡叫，三年不见货郎担……”

这不是以前的老歌谣吗？正想着，就看见一农夫挑着担，担里装满了竹笋，从鹅子峰下深一脚浅一脚地走来。这担里想必是装得满满当当，瞧那农夫的褐色薄衫早已被汗水湿透，紧紧地贴在背上。这竹笋啊，乃是金竹村的特产哩！正所谓竹林深处有人家，上梅乡金竹村位于东部最高峰大王山东麓，海拔 1000 多米，地处偏远，在过去是贫困之乡。这金竹村以产竹闻名，拥有 13000 多亩竹林。老崇安自古以来就有四大特产：南茶、北米、东笋、西鱼，其中东笋指的就是金竹村的竹笋，它的成竹也声名远播，茎粗秆直，筒长壁厚，皮质柔韧，品质极高，所以有“金竹”的美誉。听着这熟悉的歌谣，柳永又想起了那年少时欢乐的打闹时光，只是这歌声未曾停，除了这段熟悉的歌谣外，这多加了些内容。“娘啊娘，有女可嫁金竹洋，灶前有竹笋，灶后有泥墙，公路至家门，收入有保障。每年都见货郎担。”柳永抬头一望，之前那崎岖的山路，那泥泞的石墙，早已被一条条灰色的大道所代替，想必那就是农夫口中的“公路”吧！以前无人问津的穷困山村，如今却成了香饽饽，看着那农夫脸上喜悦的笑容，柳永的心中被一种奇妙的情绪充斥着。他是感到欣慰的，后人能有如此智慧，能有如此成就，这是他永远都不曾想到的，只是他又有些感慨。这世殊时异，日新月异，恍惚间，便是过往，永恒的，也只不过是一刹那。

“名场失利岂非才子词人，官运未通果是白衣卿相”，是谁在诉说着我的过往，是谁将我的身世缓缓歌唱？伴着戏腔，目光流转，最后定格在戏台上的一小生身上。这小生乃是尹派小生王君安。柳永不知道也不曾想到的是，这小生还因为在这戏中的精彩演绎，成功获得第 27 届中国戏剧梅花奖。只见这小生面容清秀，身袭一身白衣，目光清明。眉眼间竟跟他有几分相似！他被戏台上的一红色横幅吸引住了目光。原来这是武夷山市人民政府和省芳华越剧团共同创排的《柳永》！“这是在诉说我的故事啊，我曾爬过的鹅子峰，我曾写过的《题中峰寺》，我那曾燃烛夜读的过往！没想到我已身殁这么多年，人们竟还在传颂着我的故事。”他定睛一看，底下竟人群熙攘，家乡的人们不曾忘记他！人们对他所写的诗词发出声声感叹，会因他的坎坷仕途而心生悲凉，更会因他是一代词宗，他对宋代诗词所做出的贡献而感到骄傲和自豪！看到这，他早已热泪盈眶。

告别爱妻，独自一人奔赴京城，却屡屡受挫，最终还只能笑称自己是“奉旨填词柳三变”。如今，这一身魂魄终于回到了这心心念念的故乡，只是恍惚间，抬头望，这世间，早已换了个人间。几千年前的闭塞与穷困已经化为灰烬，后人用自己的智慧，通过保护与开发相结合，从中创造了无限的财富。从大自然中来，又到大自然中去。他们在这片大山上，留下了自己的智慧与印记。化崎岖为平坦，变劣势为优势，瓜果飘香，野蜂飞舞，溪流汩汩，竹笋遍山，歌声袅袅，余韵悠悠。这人间啊，再走一趟，也值了！

（郭艳梅 / 文）

一座古镇：千年的沉淀，远古的守望

“一粥一饭，当思来处不易；半丝半缕，恒念物力维艰。”

伴着幽幽古琴声，聆听着学子们诵读大儒朱熹留下的《朱子家训》，细细品味五夫镇的古韵风味。

武夷山脚下坐落着一个千年古镇，始于晋代中期，漫漫岁月更迭，直至今日仍古韵犹存，这个古镇就是五夫镇，原名五夫里。五夫镇是朱熹的故乡，朱子理学的发源地。五夫镇看似一个朴素平凡的小村落，但却也是一个不平凡的小村落，这是一座满载800多年历史沉淀的古村落，到处都是朱熹留下的痕迹。它作为中国历史文化名镇，孕育出许许多多优秀杰出的名人，素有“邹鲁渊源”之美称。五夫镇中古建筑类型多样，传统街巷保持较为完好，文化传承脉络清晰，特色浓郁。此外，五夫镇还有水之清、莲之甜、花之香的乡土神韵，这个荷花之乡，享有“白莲之乡”的美誉。

朱子理学深厚的文化底蕴使五夫镇成为如今的中国历史文化名镇。若欲探知古代先辈功业内容和朱熹的旧日生活，那定要到兴贤古街走一走。

兴贤古街全街长1000余米，从五虹桥出发，途经籍溪坊、中和坊、儒林坊、朱至坊、紫阳坊、双溪坊六个街坊，各个街坊景象有别，各自精彩，最后到达古街终点文献桥（也称双龙桥），整条古街错落有致。在中晚唐时，刘氏家族迁居五夫里，此时五夫

五夫 张栋华 / 摄

兴贤书院　吴心正／摄

里初现雏形。到了宋代时期，尤其在南宋，胡家、刘家诸贤和朱熹等杰出人才相继成名之后，兴贤古街日趋鼎盛，直至成为古镇繁华的街道，店铺密集，学者云集，车水马龙。此外，街内有十余处如刘氏、彭氏、王氏、詹氏、江氏等古家祠建筑，如今均成为国家级重点保护文物。

南宋绍兴十三年（1143），朱熹遵照亡父朱松的遗命，同母亲一起自建安（今建瓯）迁居崇安五夫里府前村依附父亲生前好友刘子羽，第二年刘子羽便选址在潭溪之畔为朱熹母子建造了一所宅居，后被命名为紫阳楼。朱熹自14岁起，便定居于此。青砖素瓦的外观，质朴却又不失典雅，整体构造为一楹两进，前进是朱熹日常学习和休息之处。朱熹的书房和寝室皆以其父号命名，书房名为“晦堂”，寝室名为“韦斋”，以此时刻谨记父老。中堂挂着朱熹幼年时老师刘子翚亲笔所书的“紫阳书室”匾额。紫阳楼环境幽静，四周绿树郁郁葱葱，时而听闻清脆鸟鸣声，出门可见半亩荷塘，整个宅居可称得上竹林青翠，山清水秀，待夏日来临，荷塘莲花映日盛放，甚是佳境。此后，朱熹定居于紫阳楼，直至60岁后迁离。

朱熹年少时，受业于武夷山籍的著名学者刘子翚、刘勉之、胡宪的门下，他每天从居住的紫阳楼，途中经过一条铺满着鹅卵石的小巷，巷多曲折，两侧皆是古屋高墙，迈入古巷，杳杳足音，穿过小巷便到了求学的兴贤书院。在兴贤古街上，一座牌坊上写着很特别的三个字“过化处”，“过化处”意指过了这个门坊就到了圣人教化的兴贤书院。学子行至此处，便自省其身，时刻保持高洁情操，一心求学。寻常百姓经由这道门坊来往集市时，便也自觉停止在集市上的喧闹，以免影响学子们读书。门坊的另一面则写着“三市街”，“市街”即代表着商业街。这座门坊将讲学之处与喧嚣市井悄然隔开，一面为客商往来的集市，一面为教书育人的书院。

兴贤书院取其“兴贤育秀”之意，为著名经学家胡安国的子孙胡宪所创。慢慢走近，高耸的门牌映入眼帘，精巧的构造设计让人为之惊叹，其造型古韵十足，正中四个砖雕汉字“洙泗心源”，书院高高的牌楼上顶着三顶乌纱帽，最高顶上供着一品状元帽，两边是一品和探花，代表着儒家思想的“学而优则仕”。而与一般南方建筑不同的是屋顶三顶乌纱帽正中间那顶官帽下还有一朵盛开的莲花，体现出儒家强调的追根溯源，正本清源，希望读书人为官要莲花一样的高洁，时刻铭记着“出淤泥而不染”的谆谆教诲，所谓为官一任，造福一方。

朱熹早年就读于兴贤书院，学成后，仍长期居住在屏山下的紫阳楼，潜心著述并且坚守在兴贤书院倾力执教授徒。朱熹常常在荷花池塘旁阅读书籍，当才思泉涌之时，信手作诗，于是便有了传唱至今的《观书有感》：“半亩方塘一鉴开，天光云影共徘徊。问渠那得清如许？为有源头活水来。”活水源源注入五夫的一池荷塘，水如明镜般灵动，清澈可见底，映照着天光云影，孕育出满塘盛放的荷花，洁净而动人。朱熹借方塘作喻抒发自己的所读所思。

乾道四年（1168）春夏相交之际，闽北建阳、崇安、浦城一带灾情肆虐，年成荒馑，造成饥民骚动的乱象。崇安知县诸葛廷瑞曾经听闻过朱熹的贤能，于是诚邀朱熹和乡耆刘如愚共同商议乡里的救灾赈粜善举。朱熹发动五夫镇中的富豪将家中所存有的粟以较低的价格赈济灾民。不仅如此，朱熹还上书给建宁知府徐嘉，希望官府能够发放官仓的存粮用来共同应对灾荒，上书最后得到了批准，灾情才得到了缓解。次年，朱熹的母亲去世，此后的三年内朱熹在家守制。其间，朱熹也先后上书官府，曾写信给王淮和沈度，希望能够在五夫里设立独立的粮仓。朱熹认为五夫里若要有效地应对不可预测的自然灾害，必须要设立粮仓，充分地积存粮食用以赈灾。朱熹的惠政之举受到了官府的支持。于是，在乾道七年（1171）八月，五夫社仓终于建成，此后粮仓中贮满了粮食以备不时之需。社仓竣工之后，为社仓能够得到更有效的管理，朱熹举荐五夫里中较有德望的刘复、刘德舆、刘琦和刘玶四人，并制订明确的仓规，以巩固社仓的管理制度，取得了政府的支持和百姓的拥护。社仓法的实施，从根本上维护了弱势农民的利益，改变受灾农民对国家拨谷救济的依赖性思想，培养了农民能够通过民间自发力量实现自我保障，同时也在一定程度上减轻封建国家的财政负担。

朱熹在五夫里住了近50年，后在晚年时迁居建阳。对朱熹而言，五夫旧居已经成为他生命中重要的一部分，朱熹在《怀潭溪旧居》诗里写道："忆往潭溪四十年，好峰无数列窗前。虽非水抱山环地，却是冬温夏冷天。绕舍扶疏千个竹，傍崖寒冽一泓泉。谁教失计东迁谬，惫卧西窗日满川。"诗中所传达的忧伤念旧居的思绪令人为之动容，因此，如今越来越多的人都慕名前往五夫，一览朱熹深深眷恋着的故居。朱熹还将自己寓居五夫里的生活描述为："卜居屏山下，俯仰三十秋。纵然村墟近，未惬心期幽。"他在五夫里生活期间，很少涉足热闹的古街，即使距离不过里许，近在一箭之间。但热情好客的朱熹时常会携徒探友，寻幽问道，因他谨守"勤俭乃持家之本"的家训，故常以五夫当地的特产，精心加工制作以招待前来的客人，体现出对友人的真诚热情。朱子家宴传承延续至今，不仅美味可口、经济实惠，而且五夫的精神文化和美食特色的完美结合。

朱子家宴　武夷山聚珍大酒店／供图

朱熹是著名的宋代理学代表人物，是五夫里走出的鲜活名人，朱子故里由此成为五夫的代名词。宋代理学之大成者朱熹总结了宋代的理学思想，更是建立了庞大的理学体系。朱熹死后，谥号“文公”，其功绩为后世所称道。

堂前一杯茶，过门即是客。时至今日，五夫依然是原始的，是纯粹的。漫步在兴贤古街，青石板小路上，苔痕翠绿，两侧砖墙斑驳，街中牌坊林立，仿佛穿越到古代，去亲近雨蚀风侵的黄墙黛瓦，岁月磨洗的鹅卵石，以及兴贤书院、紫阳楼、荷花池塘、朱子家宴、朱子社仓等，一点一滴汇成了这座千年古镇的底蕴沧桑。

荷花作为五夫的第二张名片，其内涵深厚。世人对莲花的喜爱之情不曾减少，不仅喜爱它娇艳的外表，更多的是喜爱它所蕴含的品格。而理学大家朱熹更是将莲花品格融入理学中，融入日常的饮食文化里。在朱子家宴里，就有一道莲子羹，其意义在于教育子弟要像莲一样，做一个正人君子，忆苦思甜。值得一提的是，五夫人为了纪念朱熹，将由朱熹创制以及朱子文化演绎的一些新菜品，也称为“文公家宴”。

如今，五夫镇着力打造一个朱子文化旅游和荷花观赏体验相结合的美丽生态乡镇，并建立起摄影和写生基地，通过举办一年一度的“五夫・荷花文化节”，吸引来自五湖四海的游客。五夫成为一个开放的平台，这里时常可以看见三三两两的人前往五夫摄影、写生；那古趣盎然的街道上来来往往的人，为五夫的美增添了活力和色彩。古朴的宅居，清冽的古井水，精巧的石坊门，细细雕镂的石砖刻，亲近五夫，走进五夫，犹如追随先贤，进入理学的玄机奇境，一探奥妙。一方面，五夫正致力于打造出独有的旅游品牌；另一方面，五夫通过将绿色农业生产（白莲）与旅游观光相结合，同时引入资金，致力于在农业实现质量和数量的双高，促进五夫的传统产业白莲能够始终保持着强劲的发展势头。2016 年，武夷山市五夫白莲成功注册为国家工商总局地理标志商标。2017 年 7 月底，五夫镇成为福建省首个田园综合体建设国家级示范点。在多方共同的努力下，五夫的经济发展，无疑都受到了极大的促进。

岁月并没有因为这座小镇的安谧而慢下脚步，时间的痕迹在久居山里的老人身上一丝不苟地烙下。关于五夫的故事仍将延续下去……

（吴仪 / 文）

一条古道：万里古道，始于下梅

古语有云："千载儒释道，万古山水茶。"茶与儒、释、道有着不解渊源，精炼地概述了武夷山茶文化的内涵。作为一种饮料，武夷岩茶始于唐代，盛于宋朝，并且被列为宋朝的"贡茶"。元朝时期，武夷山开辟"御茶园"，建立了一个茶馆，派遣官员监制。到清康熙年间，武夷岩茶已出口至西欧和东南亚，名震中外。在相当长的历史时期，武夷岩茶成为中国茶的代名词。早在唐宋时期，武夷岩茶就远销西欧、南亚，历史上便有了南北两条"茶叶之路"。北路由赤石茶市沿分水关古道，入江西铅山，顺江下都阳，穿湖过九江，溯扬子江抵武昌，转汉水至襄樊，贯河南入山西晋城，经潞安达平遥、大同至张家口，北行经库伦（今乌兰巴托），止于清代中俄边界的"买卖城"恰克图。南路由崇阳溪南下信江，接赣江、越梅岭，沿北江下抵广州，转海路销往东南亚。清朝中叶为武夷岩茶对外贸易的鼎盛时期，武夷岩茶成为西欧、南亚地区自宫廷贵族至市井平民所津津乐道的饮料。

中国和俄罗斯的茶道中运送的茶叶，亦产自武夷山。位于闽赣交汇处的武夷山作为"万里茶道"的起点，气候温暖湿润，景色青山翠谷，自唐代以来一直是中国重要的茶叶产区。勤劳且富有智慧的武夷山茶农不断探索新的制茶工艺，培育了名目繁多的茶树品种，创造出闻名世界的红茶和武夷岩茶。明末清

往欧洲
中俄边界买卖城
恰克图
库伦(乌兰巴托)
二连浩特
张家口
大同
平遥
晋城
襄阳
武昌
九江
铅山
武夷山
下梅
福州
泉州
厦门
广州
往东南亚、南亚

万里茶道 廖志强/制作

初，中国茶叶传入西方，武夷山至今仍保留着传统的茶叶生产技术。

200多年前，福建武夷山这个偏僻小城因茶叶而成为富甲一方的宝地。万里茶道从武夷山的下梅村出发，是一条东西方物质文化交流的国际通道。它北通江西、湖南、湖北、河南、河北、内蒙古，到达清代中俄边境的通商口岸恰克图，再向东延伸至中亚和欧洲国家，总里程达13000公里。它曾在东西方贸易中发挥过重要作用，极大促进了亚洲和欧洲的文化交流和人文融合。

茶叶的文化传播在中国大地上，催生了一段段喧闹的茶马古道和一座座繁华的茶马古镇。闽北地区最大的茶叶集散地——南平市武夷山的下梅古村，在清康熙、乾隆年间的茶市兴盛一时。现在仍保留着30多栋具有清代建筑特色的古民居，作为武夷山文化遗产的一部分，与砖雕、石雕、木雕等艺术融为一体。村落中的古建筑与古风俗蕴藏着丰厚的人文景观资源，交融出村落独特的魅力。

下梅的繁荣与衰落都是因为茶，下梅村与茶叶的缘分更像是一个传奇。茶叶留下的文明遗产和今天的生活恰到好处地交织在一起，构成了下梅村独特的魅力。在清代，在“晋商万里茶路”中，下梅是非常重要的商业道路的起点。据史料记载，山西省榆次区车辋镇的常氏，是最早来到武夷山贩卖茶叶的商户，而下梅村便是他们贩茶的第一站。据《崇安县志》记载，康熙十九年（1679）间，每日来往下梅村的船只多达300艘。鸦片战争以后，福州被迫开放为通商口岸，这极大地便利了武夷岩茶的运输，武夷岩茶只要顺闽江而下就可出口。因此，兴盛一时的下梅便逐渐走向衰落。如今，穿行在下梅村的溪流两旁，当

下梅　郑友裕 / 摄

年的商店门楣和码头旧址依然存在。位于梅溪的京龙码头和崇西赤石码头都见证了当年武夷岩茶路繁华景象。然而物是人非，从前整日舟楫往来繁忙的当溪，只有在后来五天一次的赶圩日时，才会热闹喧嚣一些。

下梅村是因茶叶而兴起的古老村落。茶商茶贩顺着绵延的溪流从全国各地会集过来，在下梅形成了福建茶叶商驿的中心。如今，溪流两岸的村民们依然在这里休憩、茗茶、聊天。下梅村培育了独特的武夷岩茶。每年春天，每个家庭都在忙着采茶和泡茶，茶的香气弥漫在空气中。“鸡鸣晨光兴，祥云夹着灶烟”，从下梅村流传的这首民间歌谣中依然能够想象当年的繁荣。如今，这个古村落在几百年的时光里留下岁月的沉淀，却已然不见昔日的舟来楫往的繁忙、南下北上的热闹。几百年来，下梅村与茶叶产生了纠缠不绝的情愫。每年，茶商从武夷山运送茶叶，从下梅出发，一直向北，不断穿越中国的河流和山脉、戈壁和沙漠，进入蒙古高原，到达中俄边境的恰克图，然后继续向北，向西穿过俄罗斯腹地，到莫斯科和圣彼得堡。这逶迤绵延了一万多公里的贸易通道，便是历史上著名的“茶叶之路”。

作为国际商业道路，万里茶道的贸易收入是沙俄帝国早期财政收入的重要组成部分。作为国内商业道路，它将中国东南部和西北部相连，以茶叶为主要货物，贸易延伸至东西南北；同时，它也是一条文化之路。在这条道路上，关公信仰与相关商业道德以及戏曲等多种文化得以形成并广泛传播。武夷山被认为是中国万里茶道的起点，而武夷茶叶不仅成为17世纪和18世纪流传到西方的中国茶叶的专属称谓，同时还是西方植物学家们为茶分类时所用的分类名之一，由此可见，武夷茶叶在西方世界也有着很大的影响力。深入研究这段历史文化，我们可以感受到武夷茶深厚的历史文化底蕴，了解中国茶叶在世界上的灿烂辉煌。

几千年来，传统制茶技术和茶文化，一直在武夷山这一茶叶之乡得以传承与创新。武夷山作为“万里茶道”的重要起点，见证了中国茶文化传播向世界的过程，见证了中国人民对世界饮食文化的巨大贡献。“种茶如金”是武夷山人代代相传的教诲。武夷茶给古闽北地区带来了社会的发展与进步，也为新的闽北地区的经济带来了复兴与繁荣。今天的武夷山是一个茶的世界，更富有魅力和灵性。

当俄罗斯人的茶杯里流淌着来自中国南方的一片片茶叶，中俄两国之间的经济关系因茶叶贸易而逐渐繁荣，同时这也极大促进了俄罗斯文明与中华文明的交流。进入20世纪以来，随着中俄两国历史风云的变化和现代商业贸易交通体系的建立，这条“茶道”逐渐消失了。今天，当我们再次回顾那段历史时，我们仍然会感动。这样的时间和空间也为我们提供了广泛的观察视角，并为我们提供了足够深刻的历史展示。或许，在不久的将来，这条曾经繁荣的大道将重新焕发活力，就像烘干的茶叶一样，一旦遇到热水，它就会重新散发出温暖的茶香。

（陈如斯 / 文）

一处遗址：千古遗情发幽迹

一　闽越王城

我是闽越王无诸，人们都称我为“开闽始祖”。

在秦代，我被秦始皇削去王号，废为“君长”。对此我一直心

古代汉城遗址　肖文凤　赵永／摄

有不甘，于是，秦朝末年，那场被史册记载其中的反秦大起义，我也率兵加入其间，终于与中原人民一道推翻了秦王朝的统治。紧接其后，在汉高祖刘邦与西楚霸王项羽之间又爆发了罕见的大战。我的军队秉承着一贯的骁勇善战，在楚河汉界之争里贡献了力量。于是，公元前 202 年，我受封于汉初汉高祖刘邦，成为西汉中央王朝首封的少数民族异姓诸侯，在武夷山一带，建立了闽越王城。

我的城墙，那必须是坚实的，夯土而成，长近三千米，几十尺高，绕城一周，巍峨耸立，甚是壮观。都说城门是反映一个地方实力与气派的代表，因此我号令在墙上留底凿空，共构筑有七个门，其中四个陆门，三个水门。除此以外，城墙上建有城楼、烽火台，布局严谨，秩序井然。整座城池，风水也是极好的，依着周围山势起伏，西面高，东面低，跨越了连绵的群峰，坐北朝南，四周都有挺拔的群峰护佑。而崇山峻岭中逶迤而来一条清澈的溪流，绕城而过，像是一条半透的丝带，浮动在城周，与四周的天然屏障合成金汤之势，更是增添了古城的气魄。

人可以没有姓名，但绝不可以忘祖忘宗。因此，我将祖庙设在东门外左侧，只有经过宗庙往前走，才可以步入王城。若俯瞰全城，城内地形共包含了南、北、中三个部分：南部为大岗头；北部有马道岗；中部由下寺岗、下寺坪和高胡坪组成。而我的宫殿就建造在城中心的高胡坪上，无论是用料还是格局，都尽量追仿秦都汉宫的作风，但在具体结构上，却保留了地方特色的干栏式建筑。那是因为此处不似中原，它实在太闷热了。这种以木桩作底，在离地几米高处架设地板的手法，使空气尽可能流通，在除湿的同时，也使宫人们远离虫蛇侵害之灾。整座宫殿，由大门、门卫房、庭院、殿堂、东西厢房、东西廊庑、西侧殿、东暖房、西天井等组成，宫内所有墙壁面，均是先用草拌泥抹平了，再上白灰，最后在表层加上彩绘。甚至我还给自己修筑了浴缸。是谁说汉代的中华城郭不如同时期的古罗马的？我的浴池也已经可以做到供暖加热了。宫内的陈设也多种多样，精巧非凡。在宫殿的后院里，有一口清洌的王宫御井，可算得是整座皇宫的井眼。

在交通方面，为了方便平时出行，我还命工匠从河中取来卵石，特意在东西城门间修了一条车马道，以供我出巡使用。有了这条道，马车走起来就轻便多了。当然，光有陆路肯定还不够，我又组织人力，在原有山势的基础上，巧妙开凿出一条环形的接通城内外的流水道，长两千余米。这不仅方便了我的子民们的日常排水、用水，更成为城内交通运输发展上的一大飞跃。

在文化方面，我带领着我的民众，既将闽语一族文化中的风俗习惯、宗教观念等予以保留，又对中原的政治、经济、文化、艺术等方面进行引入与效法。一方面，我们利用这里临海近、山坳多的优越自然条件，通过种植稻谷与下海捕鱼，过着愉悦的生活。另一方面，我又令我的子民们大量地铸造铁农具，提升务农效率；而铁工具的广泛使用促进了手工业的发达。这使得我们发展出了独具地方风格的几何印陶文化，并标志着青铜时代就此开启。此外，我还在族内推行专属的文字等，使得整个经济文化发展，达到了空前的程度。即使不敢说是第一，起码也能够排得上前三了。

在我的这个时代，我很满意。

二　古粤城村

我姓赵，是一个村民。

我家在紧靠王城遗址边缘的“古粤城村”。目前住在这里的父老乡亲们，均不是原本的闽越族人。这里的现居村民多姓赵、林、李，而如今又以我们赵家的族群为大。相传，我们三姓原本在中原都是名门望族，后来战乱四起，我们为了避祸，才逃难于此。林氏南宋理宗瑞平年间就已经迁入此处，是最早迁入的家族，赵姓家族在元至正年间迁入，李姓家族则于明洪武年间迁入。宋元时期，我们这个城村凭借着优越的地位环境，大力发展手工业和商业，经济因此逐渐兴起，最终在明清时期达到顶峰，

古代汉城遗址　肖文凤　赵永 / 摄

成为福建地区的水口要塞。一直到清末五口通商，此处的航运才逐渐衰退。后来，日本帝国主义的入侵使通商受到波及，城村也因此开始走向没落。

城村是个杂居的大村，宗祠有好几个。近千年的聚居演化，让这里的古建筑有了清晰的文化遗痕。一进村，便是“盛世人瑞”的木质百岁坊。光华古庙的屋檐下，是遍体花绘的如意斗拱。其中，又以林氏的祠堂最为精美，门前还有罕见的三合飞廊。现在您进村，仍然能在村口看到保留完整的清代门楼，苍劲的“古粤”二字仍旧深深刻注于匾额中。根据我们林、李、赵三大姓的清代宗谱可以得知，自古以来，城村便被外界称为“古粤”或“粤城”，这里的“粤”实际为“越”，代指我国古代生活在东南和南部的少数民族。显然，我们村的建村先祖选择此处定居时，对这里曾经的历史和居住的族数都颇有了解。相传，公元前110年，由于闽越国势力越发强大，自成一派，不服管束，因而汉武帝发兵南下，闽越王城就此毁于一旦。所有幸存的原居民，无论男女老少，均被强制迁去了江淮一带，而城村这块古老的土地，也就因此而荒芜了数百年之久。

我们的村庄坐北朝南，总面积可达近五十万平方米。主街呈“井”字形布局，共计三十六条小巷向两边蜿蜒伸展开去，走在街上，摩肩接踵，那种亲和、淳朴的社会氛围扑面而来。除此以外，社会设施体系也极为完备，可供近万人居住，算是明清时代社会的一个缩影。除了住宅外，我们还有庆阳楼，聚景楼，北帝庙（现古粤茶场），妈祖庙，崇福庵，降仙庵，药王庙（镇国庙、关帝庙），兴福庙（古粤寺、华光庙、慈云阁），玉皇楼，苦竹庙，百岁坊，古粤门，赵氏家祠，林氏家祠，李氏家祠，百岁翁祠等许多标志性建筑。城村最大的特色便是“路亭”，数量颇多且形制不一，既是村民的休闲之所也是曾经辉煌的见证。只是他们中的大多数，现在都被街巷旁挨挨挤挤的房屋夹杂其间，早已不复往日的风华与热闹了。

从布局来看，我们城村整体十分紧凑，四面的寨墙高高耸起，大大小小的建筑被囊括其内。沿北、东、南三面都有门楼，共开了四座大门，上设瞭望孔，起到了重要的军事防御功能。庙宇、庵寺大多建在村子的边缘地带，模仿的是秦汉郊寺制的遗风。村内主街道呈“工”字形布局，以卵石铺面，街道串联了古粤广场、古渡口、祠堂、过街亭等公共活动空间，街巷两旁分设完善的消防排水系统，主街中央耸一楼，名曰“聚景楼”，是城村古村落中最高的建筑，登临远眺，村貌尽收眼底，每到节日，村民们便会聚集此处，热闹非凡。

我们城村虽不是同姓聚居，但彼此之间互相扶持，荣辱与共。

三　闽越文化

我是一名考古工作者。

在《中国历史上民族之研究》一书中，梁启超先生曾对福建人的人种起源做出过以下评价：“吾侪研究中华民族，最难解者无过福建人。”此处的难解，指的便是即使一路往上追根溯源，也很难解释清楚，福建人究竟起源于哪一族。

首先，身处东南边域的福建人和北方各省的人，无论在相貌体态还是文化上，都有着十分显著的差异。古代的福建人通常身材相对矮小，脸短但下巴轮廓较尖，颧骨略突，眼睛圆且大，上覆双眼皮。而这里的方言，也十分独特，带着短而促的音，显得有些咄咄逼人，被北方人称作“佶屈聱牙”。虽然早已融入汉族大家庭，但语言和体貌上的这些差异，证明其在民族来源上是异于北方各省的。

其次，闽越族的风俗习惯与汉族也处处都存有不同之处。其一，闽越族习惯临水而居，善于驾舟，有着十分完善的捕捞技术与经验。其二，蛇图腾崇拜在闽越一族的宗教文化中扮演着十分重要的角色。许是因为身处山间，人们对蛇又惧又敬，常在身上刺龙、蛇一类花纹，祭祀的器皿上也可见相应图案。其三，习惯架空式构造。一方面，日常居住的房屋多为干栏式的“巢居”；另一方面，人在死后均实行“悬棺葬”，冒着危险，从悬崖上将棺柩缓缓地吊下，安置在被水流自然冲刷而成的洞穴中。其四，凿齿，即拔掉左右门牙或者侧齿，把这当作成年或婚姻标志。其五，胶着语，即一字多音，与汉语一字一音的孤立语有显著区别。

时至如今，关于闽越国仍有许多未解之谜，等待着人们去发现。或许，在不久的将来，我们会与闽越文化，在福建博物院和福建闽越王城博物馆，有一场更盛大的相遇。

（刘冠秋 / 文）

一座历史文化名城：山好水好茶香人美

北引皖浙，东镇八闽，南附五岭之背，西控赣域半壁，此乃武夷山。山中居仙，谷里藏龙，沐浴天地精华，吞纳山河毓秀灵气。虽无泰山之巍峨，华山之险峻，据南而立，亦有仙灵之气。无京都之喧嚣，燎原之战火，为闽越文化之根。武夷，历尽风云，孕育无数仙人、贤者，时至今日，巍然屹立于东南大地，生机盎然，欣欣向荣。

一、八闽之源

四千多年前，武夷山上有这样一群人，饭稻羹鱼，繁衍生息。有人在九曲溪边捕鱼，用山上的竹子编成捕鱼工具，能工巧匠，自然收获颇丰。有人在岸边不远的稻田里，面朝黄土背朝天，耕耘，在水深不过膝高的田里，把一株株绿油油的稻苗一头插入湿润的土壤里。土地的灵气和阳光的作用使之蜕变，收获的季节无疑令人欣喜。日新月异，人口种群成长壮大。他们是武夷山的子女——古越人，是闽越之地的祖先。朴实勤恳的他们，不断学习更多的本领，开拓更多的土地，随着种群数量的增加和部落的联合，逐步形成了中外闻名的罕见的“古闽族”文化以及逐渐演化而成充满历史古韵的“闽越族”文化。历经两千多年历史的冲刷，古越人给新时代的人们留下宝贵的历史文化古迹。他们是百越之祖，是百越文脉的奠基者，开辟了属于百越之地灿烂辉

古崖居　丁李青 / 摄

煌的历史。

二、道教圣地

都说武夷山富含天地之灵气、日月之精华。相传，曾有一人，名为武夷君，见此地仙气浓厚，修道于此，后得道成仙。中国民间信奉其为该地的山神、乡土神。

西汉时，汉武帝刘彻把武夷君封为十大神仙之一，派遣使者用干鱼祭祀武夷君，以求国泰民安。汉朝之后，武夷君成为道教信仰和神仙传说的代表。唐玄宗赐封武夷山，载入史册。唐末五代初，武夷山被誉为天下三十六洞天之一，号“第十六升真元化洞天”。

山中壁洞崖涧是武夷山修行道士的首选之地，传说中的武夷君、皇太姥、王子骞等十三人于武夷山修道成仙。传说在那悬崖峭壁，人迹所不能达之处，常有仙人遗物——仙蜕、药瓶、丹鼎、钓竿等，历时千年依旧如故，不曾磨损。由此可见，武夷山与道教之间似有万缕缠丝紧紧相绕，不可割舍，其关联在历史文献中多有记载。

道教宫观数不胜数，仙人流连高士驻足，神话相传仙气萦绕，武夷山真不负天地钟灵毓秀之德。

三、文化古迹

武夷山清雅秀丽，自古以来，便吸引了一批又一批文人雅士驻足留恋、共同欣赏。在这里，奇峰怪石琳琅满目、千姿百态，有的孤峰突起，有的重峦叠嶂，有的高耸入云，有的横亘数里……其间有众多的飞瀑、清泉、溪流、山涧，汹涌瀑布飞流直下，潺潺溪流清澈见底。这里钟灵毓秀，人杰地灵，人文荟萃，许许多多的文人墨客都留下了自己的印迹。

有人面对大好河川有感而发，题诗歌咏于此；有人感化于武夷山风土人情，迁居于此。武夷山秀美自然风光，引得无数文人墨客相聚于此观赏吟诗，传道授业，武夷山因此具有丰富的文化古迹和宝贵的精神资源。武夷山文化承载着华夏文化的丰富内涵和深刻底蕴。

历史的长河缓缓流淌，这片山水孕育的深厚哲学思想随着岁月无声地荡漾开去。

唐代著名大诗人李商隐曾经赋诗《武夷山》："只得流霞酒一杯，空中箫鼓几时回？武夷洞里生毛竹，老尽曾孙更不来。"宋元时，文人骚客聚此吟诗作对，其中耳熟能详的就有苏轼、陆游、辛弃疾、李纲、黄道周、袁枚等。号称"东坡居士"的苏轼在其《咏茶》中曾以拟人手法描写武夷山的茶："君不见，武夷溪边粟粒芽，前丁后蔡相笼加。争新买宠各出意，今年斗品充官茶。"苏轼对武夷茶的独到用情跃然纸上。豪放派词人辛弃疾游玩武夷山时，感慨其壮美山河，有感而发，一首《游武夷》传唱至今："一水奔流叠嶂开，溪头千步响如雷。扁舟费尽篙师力，咫尺平澜上不来。山上风吹笙鹤声，山前人望翠云屏。蓬莱枉觅瑶池路，不道人间有幔亭。"除了诗词歌赋，这片土地也孕育了哲学思想。理学大儒朱熹、杨时、游酢、王阳明长期盘桓此处。著名学者来到这里，游玩于山水之间，感悟于天地之间，切磋交流，思想碰撞产生智慧的火花。

这片山水不仅以大红袍茶树、九曲溪漂流闻名于世，更重要的是这里是朱子理学的思想起源地。朱熹，宋朝著名的理学家、思想家、哲学家、教育家、诗人。他建立了庞大的理学体系，成为宋代理学之大成。朱子理学盛行于东亚和东南亚国家，其独特的思想涵盖政治、哲学等方面，造诣颇深。武夷山由此以“闽邦邹鲁”而闻名天下。

九曲溪五曲溪东，隐屏峰南麓下，山清水秀，人杰地灵。南宋淳熙十年（1183），朱熹眼光精准，于此地规划一处居所，并取名为“武夷精舍”。对于“武夷精舍”的构造设计，朱熹早有考量：山麓之中最惹眼的是“仁智堂”。“仁智堂”左侧是朱熹自己居住的“隐求室”，右侧则是朋友拜访时借住的“止宿寮”。“石门坞”幽深雅静，坞内是学者的群居之所，名为“观善斋”。“寒栖馆”位于石门西门，道友游经此处，可居住于此。

武夷精舍落成，朱熹欣慰不已，友人来此庆贺，一时之间门庭若市。诗人陆游驰函祝贺，称之：“先生结屋缘岩边，读易悬知屡绝编。不用采芝惊世俗，恐人谤道是神仙。”朱熹更是将满腔欢喜倾注于纸笔，写了《精舍杂咏十二首》，并于诗序中记录当日盛况。他在这里潜心著书立说、授徒讲学，向学子传播理学思想。朱熹心胸宽广，广纳世间才人，才人学子慕名而来，尽兴而归。朱子理学在一次次交流探讨中逐步成型、发展、兴盛。晦庵的理学精髓如九曲溪水一般，绵延而有力地荡漾开去，渗入一众学人的血脉之中。随后一批理学名家相继在武夷山中和九曲溪畔择地筑室，读书讲学，思想的火炬一代一代传承点燃。

今天，这里游人如织、络绎不绝。山还是那样巍峨挺立，水还是那样水波滟滟，只是相伴于其间的先哲早已驾鹤不知所终。虽时代变迁、物是人非，但武夷山水间流淌的哲学思想、朱子理学精华却深深刻印在这片土地上。

四、商业文化

《闽部疏》是明代王世懋撰以记录福建风土人情、奇山异水、花草鸟兽的一部著作。当时福建商品经济活跃的盛况在此书中屡有提及。民国时期，崇安县具有“金崇安”之称。武夷山境内有众多的古代商贸集镇、关隘、古道、运河、码头等，形成研究历代南北商贸、文化交流、水利和交通运输技术的重要实物史料。武夷山商业发达，重要因素之一是其地理位置险要，水陆通达，交通便利。武夷山临近建溪西河水系，水运发达，来往船筏络绎不绝，沿途大大小小码头便于停靠，更是衍生出大量的驿站和客栈，以便来往商人歇息。

水路和码头带动了经济发展，也影响了城市格局。在沿河、靠码头、近驿站的范围里，人口密集，经济发展，文化繁荣，城市化加快，往往成为经济文化中心。武夷茶因其清甜，在唐朝作为贵族间交换馈赠的高档礼品，宋元时期作为贡品进入皇宫，风靡皇室。元大德六年（1302），皇帝下令于九曲溪设置御茶园。从此，每年都有大量的茶叶沿着水路、利用驿站一路北上，送到京都贵族手上。清末，著名晋商乔致庸看中武夷山的茶叶，并将其贩卖至俄罗斯的恰克图，由此形成了壮观的万里茶路。下梅村就是万里茶路起点第一村，繁荣的“金崇安”成为武夷山商业文化兴盛的重要标志。

五、革命文化

武夷山市是福建省重点革命老区，是早期中国共产党创建的革命根据地，以此扩展为闽北革命根据地。“文化大革命”的冲击、土地革命的硝烟、抗日战争的战火以及解放战争的浪潮深深影响了武夷山。第二次国内革命战争时期，闽北苏维埃革命策划根据地和主要活动中心都是在武夷山。1930 年 5 月 1 日，第一次工农兵代表大会在上梅村召开了，宣布正式成立崇安县苏维埃政府。

作为革命老区，武夷山拥有顽强不屈的英雄人民。方志敏、黄道、粟裕、张云逸、陈丕显、曾镜冰、范式入、陈昭礼、徐履峻、陈耿等众多革命先辈都在这块红土地上留下了光辉的足迹。饶守坤、陈仁洪、刘文学、孙克骥四位开国将军也曾在此长期战斗过。朱德同志曾为闽北革命烈士纪念碑题词，歌颂英勇烈士保家卫国的决心，赞扬其无私奉献的精神。如今，武夷山还保存有许多红色遗迹，如赤石暴动纪念馆、列宁公园、大安红军街等。现存的类型齐全的红色遗址，是武夷山人民为中国革命做出卓越贡献的印证。凭借武夷山独特的历史地位和红色文化内涵，当地政府积极发展旅游产业，推广红色文化，推动经济增长，带动其他产业发展，带领当地人民走向富裕。

六、茶叶文化

“千载儒释道，万古山水茶”，武夷的茶文化自古以来便享誉天下。

2007 年 10 月，福建武夷山的茶叶——大红袍作为藏品被收藏于国家博物馆。武夷山得天独厚的气候地理条件，加上武夷山茶农独特的制作技巧，使得这里生产出来的茶叶别有一番风味。慕名者从天南海北奔赴于此，络绎不绝。

是日，东方欲晓、晨光熹微，东方的地平线上泛起一道红光，渐渐地，红光蔓延开来，给武夷山披上一袭金灿灿的戎装，此时的武夷山笼罩于一片静谧之中，突然，清凉的山风带来悠扬婉转的歌唱声。循声望去，曼妙的身影若隐若现，动人的歌声别有一番风味。近了近了，人影越发清晰。只见，绿水青山之间缓缓走出一群美丽的采茶女，背着小背篓，唱着悦耳的闽北民歌，构成一道亮丽的风景线。采茶女们穿梭于茶山之间，给寂寞的茶山增添了生机与活力。伴随着悠扬的歌声，萦绕着清幽的茶香，心绪跟随着和风飘荡在山水间，忽而在天游峰峰顶伫立，忽而在九曲溪水面飘过，寄寓闲情于青山之间，挥洒自由于碧水之中。

茶乡人的生活离不开茶的影子，正所谓，制茶讲科学，品茶有文化。武夷人正是深谙其道。

林治，中国茶文化专家，苦心孤诣，潜心于茶文化的研究之中，对茶以及茶文化认识全面且深刻。在他看来，在儒家文化的发展历史中，朱熹起着重要的推动引领作用，朱熹在传播自己的朱子理学思想时擅长以茶喻理，因此武夷山的茶文化在儒家文化中起着不可忽视的作用。儒家的文化蕴含其中，先甜后苦，苦后回甘。武夷山的茶和朱熹的理，丝丝缕缕，相互缠绕。理中含茶香，茶中有理韵。

“清”“苦”作为武夷茶的特质被世人所传道，二者相连其中寓意深刻，经历苦涩然后立志，思进取后报国，国家昌盛方可收获甘甜，这就是“国运”与“茶道”之间的紧密关联，此兴彼亦兴。中国茶文化的核心和灵魂，可用“和”来概括，即天和、地和、人和。武夷茶，凝集儒学、道教、理学，因此质朴、清淡、醇和。喝茶、谈茶、品茶是武夷山人日常三件事，武夷茶不仅影响武夷山人生活的方方面面，更是渗透进武夷山人内心深处。在武夷山，受长年累月的茶文化影响，这里的人们普遍质朴、平和且真诚。

一路浮浮沉沉，继承新石器时代的古越人文化，延续西汉盛行的道教文化，记载唐宋的诗词哲学，发展民国的繁荣商业，见证革命的红旗飘飘，现代的武夷山郁郁葱葱、生机盎然、生态宜居、经济富足。正所谓山好水好茶香人美！

（吴秋苗 / 文）

一座红茶村落：久浸“红”香意深远

取一汪泉水，采一箩红叶，上水配好叶，乃一壶好茶！要论这上等的红茶，还得数武夷山的桐木村最甚。

从一个普通的小山村变为世界著名的红茶发源地，桐木村发生巨大的变化。一个贫困的山村，依靠红茶产业的红火发展，几乎家家户户都在种红茶，每一个村民对于茶树的生长习性都非常了解，对于红茶的烘制都有独到犀利的见解和方法。这种祖祖辈辈流传好几代的手艺已经成为不朽和永恒，成为该村走向世界的一张名片和通行证。站在山的最高处远望这座独特的小山村，一片青绿色的茶海，正向这个世界宣誓着它的生机与盎然，展示着它那独一无二的魅力与光亮。远远望去，直到“海”的尽头，直到山的末端，依旧还有永无止境的蔚蓝色的天空，天空中的曦光，仿佛在告诉着我们：一切，都还有无尽的生命和希望；这，永远没有尽头。

那么，究竟是什么力量成就了桐木村的今天？究竟是什么塑造了这里独一无二的“红茶”之名？

作为世界红茶的发源地，桐木村位于武夷山国家级自然保护区内，地处闽赣交界，属于典型的亚热带地区。全村林地面积广阔，特别适合大规模种植茶树。桐木村的庙湾、江墩等几个红茶主产区均分布在海拔700米到1200米左右的山体下部或峡谷地带。在一般情况下，海拔越高气温越低。此处的山谷气温一般来

星村　丁李青 / 摄

说比平地低，以至于山谷的气候夏季凉爽，冬季温和。山地地区由于受到高山的阻挡作用，日照时间较短，雾气难以散开。山谷中巨大的云雾可以减少太阳光照的影响以及避免热气的散失，导致山谷的日温差较小，使茶树在生长发育的过程中基本不会受到极端温差的影响，受自然冻害的概率也低，相对来说发育生长的条件好，品质也相对良好。

在气候方面，该区属典型的亚热带季风气候，年平均气温在8℃～19℃之间，出现极端温度的天气概率小，特别适合茶树生长。桐木村几个主要产茶区的平均海拔都在1000米左右，年平均气温约在10℃～18℃之间，降水量在2000毫米左右，温度适宜，降水充足，能够满足茶树生长发育的需要。桐木村从低海拔到高海拔的相对湿度呈上升趋势，综合其他因素，茶产区一般情况下湿度较高，无霜期时间较长，这样的自然环境不仅有利于茶树生长，还可免遭受晚霜冻害的威胁。

另外，土壤土质的好坏也深刻地影响着茶树的种植和发育。在桐木村的茶产区，土壤发育良好，具有较厚的土层厚度。从在海拔由高往低的过程中，土层厚度逐渐增加，而土壤有机质物含量是降低的。在海拔700米～1200米的黄红壤地带呈现土壤肥沃、土质优良的特征。在这一地区分布的茶园，土壤有机质含量高、土层深厚肥沃、结构疏松、排水良好，土质呈酸性，十分有利于茶树生长。茶树的根部能够从土壤中吸收许多养分，并且使茶树体内的物质代谢能顺利进行，因此茶树能够进行快速有效地生长，产量颇丰，质量颇优。

拥有得天独厚的自然条件，是桐木村成为世界红茶发源地的先天条件，但是要使普通茶叶变成世人称赞的“红茶”，还必须经过一系列复杂工序才能制成。然而，这红茶并不是一开始就是人们有意而为之的。据说，红茶的问世还有一段有趣的传说故事。道光末年，时局动乱不安，有一年，春茶开采季节，太平天国一支军队，从崇安星村过境，暂住星村茶厂，厂内遍地摊放“茶青”，兵士便把装茶的布袋铺在茶青上当作床铺。次日，军队离开之后，茶厂老板发现茶青因受压而全部发酵，变成了黑色，而且产生一种特殊气味，不能用于制作乌龙茶。眼看全厂茶青将成废料，老板为此心急如焚，请来桐木红茶师傅，用锅炒，用松柴烘，然后稍加拣剔筛分，拼以收购来的邵武、铅山的茶，经烘焙至足干后装箱，运往福州，标以“小种红茶”托洋行试销。茶商将小种红茶运往英国后，红茶经过发酵，除却了苦涩味，得到英国人的喜爱，他们每天早晨饮用牛奶红茶。红茶逐渐引起外商的兴趣，他们将其批量投放于欧洲市场，博得英国贵族的青睐，赢得欧洲人的喜爱，由此取代了乌龙茶，获利极厚，风靡一时。正是这种独特香浓的口感，使红茶赢得了欧洲人的喜爱，促使中国红茶销售市场颇为庞大，让红茶得以走向世界。

相比于其他红茶产地来说，桐木村种植历史悠久，种茶制茶技艺工序经典老练，红茶品质优，且从作为“红茶”发源地这一角度来讲，其知名度高，未来发展前景好。几十年甚至几百年来，桐木村家家户户种植茶树，并从中得到丰厚的回报，可以说，红茶就是他们的命根子。在这样一种依赖农业种植的环境下，针对茶树的种植、桐木村未来的发展前景，还需要考虑并突破红茶产业在发展过程中可能遇到的瓶颈，以期红茶产业永续发展。

那么，应该从哪些方面着手来促进红茶产业的发展？

首先，在当今时代的大背景之下，任何产业的发展转型，尤其是与自然环境交涉较深的行业，都必须积极响应习近平总书记在党的十九大报告中所强调的：坚持人与自然和谐共生。建设生态文明是中华民族永续发展的千年大计。我们必须要遵循自然规律，对自然要取之以时，取之有度。桐木村在积极发展建设茶产业的同时，应不忘对当地自然环境的关照。积极以保护生态环境为前提，建立生态文明管理机制，加强对于茶农环境意识的培养，并不断完善当地生态文明保护基础设施，加强环境的保护，促进人与自然和谐共处。

其次，作为传统茶产业的基地，桐木村应该正视时代变迁中传统领域的不足。随着高科技时代的到来，仅仅依靠人力来采集和制作茶叶是不够的。在红茶需求量日益增大的今天，必须更多地依靠科学技术、依靠人工智能来代替劳动力促进生产，加快发展，并且随着网络的日益发达，靠网络营销也是许多先进厂家首选的营销策略。桐木村茶产业的发展应该放眼未来，积极抓住时代发展的机遇，促进“产供销”一体化、网络化发展。

再者，随着人们生活节奏的加快，工作生活压力的加大，对于旅游、农家乐的需求也越来越大，而桐木村凭借得天独厚的自然环境和浓厚的田园风光，旅游景区的开发和农家乐的发展也是促进其经济发展的不错选择。旅游业的发展不仅可以加强当地的基础设施建设，对于环境保护也起着十分重要的作用。对于旅游业的开发，打造特色旅游景点和品牌非常关键。桐木村可凭借其独特的茶文化和茶产业，发展“采茶—品茶—赏茶”一条龙体验，创造独特的红茶文艺小物件，成为当地旅游的一大看点和卖点，积极创造发展契机，促进经济发展。

一品红茶味，深读桐木史。展望未来梦，一朝在今日。闻其香，探其路；驻足山脚，抬眼望去，一层又一层无穷尽，让人看到希望。凝视乎，品红茶，品的不仅仅是其香色俱全，更还有其骨锋芒、其骨傲然。

桐木村不仅在红茶产业上是红红火火的，就连它的历史，也刻有红色的烙印。在20世纪上半叶，桐木村人民在中国共产党的领导之下前仆后继、浴血奋战，先后有2000余名桐木革命志士为新中国成立而英勇捐躯，涌现出军委工程兵政委王六生、广州军区少将黎新民等一大批老一辈革命家。桐木村著名的“烈士公园”既是为纪念在抗日战争和解放战争中牺牲的近2000名桐木革命烈士而修建的纪念性公园，也是革命传统和红色文化教育基地。走进桐木村，观赏烈士公园，可以感受到浓浓的爱国主义精神。

如今谈桐木村，讲的不仅仅是其红茶文化，展望的不仅仅是其产业发展前景，看的不仅仅是其青山绿水，还有其铮铮铁骨，有其经久不息的传统文化和手艺，更有独具特色的傲立于世界之林的中国茶文化和红色文化。今天桐木村的茶产业要发展，茶文化更要保护，这不仅仅是每一位桐木村村民的责任和使命，更是每一位中华儿女的职责！现在桐木村的红色文化要传承要弘扬，也需要每一位中华儿女的支持和参与！

（王森珍 / 文）

洋庄坑口革命纪念馆　吴心正／摄

一块苏区圣地：
绿色生态宁静致远，红色精神历久弥新

武夷山，世人皆知它的美丽宁静，但除了在福建地区，鲜有人知晓它绿水青山的背后那一段红色的记忆，这段记忆和武夷山一样，低调又庄严，令人敬仰。

如今的武夷山奇妙秀美，百姓们安居乐业，但这份平静美好，正是无数革命先烈们用生命的代价换来的。来到此地，人们往往才有了深刻的体会。有句话说，哪有什么岁月静好，每个人

都在负重前行。若你感到轻松，是因为有人在替你负重前行。是的，这里的大好河山正是无数先烈勇士为我们打下的。因此我们必须铭记，武夷山不仅是一座座秀美迷人的“绿色”的山，还是一座座写满革命荣光的“红色”的山。

除了与生俱来拥有优越的绿色生态资源和深厚的朱子文化、闽越文化、茶文化、民俗文化等文化资源，武夷山遍布的红色遗址，见证了近现代闽北革命史的重要历史事件，具有重要的历史和社会文化价值。2016 年，武夷山再次全面启动的红色文化资源调研，明确了革命遗（旧）址共计 95 处，占闽北革命遗址的三分之一。其中，重要党史事件和重要机构旧址 68 处，重要党史事件及人物活动纪念地 18 处，烈士墓 3 处，纪念设施 6 处。除

方志敏题词旧址　肖文凤／摄

中國紅

了上述的革命事件遗址、活动遗址、名人故居纪念馆、陵园等资源，武夷山还有方志敏手书的“中国红军万岁”标语及其所建立的革命根据地等蕴含红色文化的遗迹。

苏维埃时期全县 14.4 万人，到 1949 年仅剩 6.9 万，减少 7.5 万，其中半数为敌人杀害。在那如火如荼的革命岁月里，武夷山人举全家之力，或在血雨腥风里奋战沙场，前赴后继，或在幕后或地下暗中支持革命，“百里跪迎黄道”就是老区人民忠于革命事业的最好见证。他们当中更有甚者不惜付出生命的代价，用实际行动表达了对党和革命事业的坚定支持，付出了巨大的牺牲，谱写了一曲可歌可泣的革命壮歌。

对于祖辈、父辈们出生入死战斗过的革命老区，革命后代都心怀敬意，他们都表示要利用红色文化造福老区人民。

刘苏闽说：“当年，崇安苏区先后有近 1.2 万人参加红军，新中国成立后被认定为有名有姓的烈士就有 4000 多人。重温老区、苏区精神，心中就会增加很多正能量，革命老区是党和人民军队的根。”

红色大安村　洋庄乡 / 供图

红色坑口村　洋庄乡／供图

武夷山市原市委书记林旭阳说："追忆革命岁月，弘扬老区精神；传承红色基因，不忘初心使命。我们讲好武夷山的红色故事，让红色文化、红色旅游成为乡村振兴的重要载体，让红色旅游成为老区发展的新产业，用心用情用力振兴老区乡村，回报老区人民。"

一桩桩红色革命故事虽然时隔久远，但历久弥新，武夷山苏区人民为中国革命所做的巨大牺牲和贡献都将会被这个时代铭记，只要青山绿水依旧屹立，历史便不会忘却，注定会在历史上留下浓墨重彩的一笔。

武夷山红色文化资源不仅范围广泛，更是涵盖了从1840年至今闽北从贫弱走向富强的革命与建设全过程。立足丰富的自然资源和红色文化资源，武夷山推出一纵三横的红色旅游线路：一纵，即赤石暴动纪念馆—列宁公园—大安红军街；三横，即大安红军街—坑口革命遗址群，列宁公园—岚谷横源，赤石暴动纪念馆—上梅暴动遗址群。推动红色旅游与乡村旅游、生态旅游、民俗旅游的相互促进，其中，大安红军街、赤石暴动纪念园、闽北

红色大安村　洋庄乡 / 供图

革命历史纪念馆、坑口革命遗址群为全国红色旅游经典景区，上梅暴动遗址群为省级红色旅游景区。武夷山市以入列第一批国家全域旅游示范区创建单位为契机，在武夷原生态的自然美景的基础上，推出重走红军路、红色研学、红军食品等体验型红色业态产品，让秀美的绿色生态资源和丰富的红色文化资源融为一体，成为推动武夷山发展的新动力。打响红色文化品牌的武夷山，不仅在平日里吸引了大量的游客，而且成为节假日青少年开展红色革命文化夏令营活动的首选地。

秀甲东南，生态武夷。我想，不仅是因为武夷山的风景之美和人文之美，更因为武夷山是一块被无数革命先烈用鲜血染红的土地，它值得留存于这个国家的集体记忆之中。

绿色山水，竹筏悠悠，宁静致远。红色精神，穿越历史，辉映未来。

（林娟君 / 文）

第二辑

造化奇观

是什么在吟唱？是那水声潺潺，鸟鸣啾啾。是什么在变奏？是那落叶翻滚，野花初绽。是什么在渲染？是那鼻尖耸动，是那脚印轻踏。自然的音律，如此简单，可人类的曲调却永远无法企及，只能望而兴叹。藏在那一阵阵高低错落的变换背后的，是那被保护起的幽幽森林，和那林中灵动跳跃的生命。

一条溪流：泛舟九曲难忘怀

坐落在中国东南部，出落得巍峨高大的一座雄山——武夷山，孕育着中国最美的一条溪流——九曲溪。在峰岩交错、丛林茂密的深谷里，九曲溪就静静地流淌其间，宁静而幽远，静谧而自然，宛如少女翩翩多彩的身姿，实属令人着迷。

中国溪流遍地流淌，九曲溪宛如其中一枝独秀，如那冬日的蜡梅高雅，散发四射的魅力。就如那酿造多年散发不尽醇香的美酒，一入九曲溪，最美的是它的溪流、它的山泉，那种经久不散的清香，给人以无穷无尽的醉意。那四周高耸挺拔的山峰，守护了九曲溪的一方清净，奇迹般地造就了山谷空灵的绝响，为四季的活物捍卫了一处净土。这是地球上的一方净土，那种干净得透彻的气质，那种不拘一世的风格，出于尘世却又充满人世的冷暖人情，令每一个遁入它的人都将毕生难忘。而九曲溪的美，就将在这一次次的拜访中被人经久流传于世，不曾断绝，也将不会断绝。

古时，人们乘坐竹筏逆流而上，观赏九曲之美景；今时，游客们乘着竹筏从九曲到一曲顺流而下，每一曲都有着不同的山水画意。竹筏随水流速度漂流，时缓时急，漂浮不定却又极为稳妥，且沿岸美景逐渐舒展在眼前，既轻松又惬意。

九曲溪分为九曲，其中一曲坐落在武夷宫前，处于溪流的最下游。一曲在河流出山口附近，地势平坦，视野开阔，让人豁然

九曲溪　张栋华 / 摄

开朗。该曲沿途分布有大王峰、狮子峰和观音岩等秀山。作为三十六峰之首，大王峰尤为著名。从山底一眼望及大王峰，其顶大腰小，四壁如削，雄踞溪北，摩霄凌云，显得尤为壮观。大王峰脚下，坐落着一座尼姑庵，青灯伴古佛，幽静深远，是难得的修身养性之所。狮子峰雄踞溪南，气势威武雄壮，是山之壮士、溪之护卫。而观音岩最为秀奇，该峰盛产怪石，景色可谓绝美秀丽，令人惊叹。

一曲往上便是二曲，往浴香潭北上便是。二曲一段峡谷幽深险峭，乘坐竹筏可谓是惊险万分却又趣味无穷，令人不禁连连拍手叫绝。二曲西侧，有着美人之称的“玉女峰”就伫立在溪水旁，与大王峰隔溪相对，其山姿宛如少女的玉体一般楚楚动人，伴着其婀娜多姿的体态，其后附有两石，其形宛如侍女，伴随左右。四周绝壁，顶部花草树木如美人头上的鬟髻，是典型的柱状山。山麓有一处深潭，即浴香潭，潭水清澈，晶莹剔透，潭中倒映着玉女峰的倩影，恍如少女对镜理妆，清丽婉约，韵味悠长。顺着溪流往洞穴越是深入，天色越是昏暗，而景观越是惊奇迭现，是绝佳的游山玩水的体验。

三曲不仅有如上二曲美丽的自然风景，更沉淀着丰富的历史文化。著名的“架壑船棺”分布之地小藏峰就位于三曲的南崖上。棺材被安放在既高又陡的悬崖壁岩之上，这种足以震惊世人的工艺究竟是如何完成的，距今还是个谜。作为一种历史文化和艺术鉴赏，游客游至此曲，除了风景的美轮美奂，难以溢于言表，更为甚的是历史文化的积淀，让整条溪流也因此而富有气质美。

四曲最为著名的便是西边的西钓台和东边的大藏峰。远望西钓台的景观，细细品味，犹如一老渔翁坐立于江边垂钓，栩栩如生，令人叫绝。向东望去，只见大藏峰怪石连篇，如虎如龙，仿佛在争做武林盟主，那场面叫一个激烈，令人心生敬畏。

泛舟游于五曲之上，只见一片苍翠欲滴散布在各大山峰之上，犹如一大块墙帘。著名的紫阳书院就坐落在五曲上，这里蕴含着朱子深厚的理学思想。五曲是九曲溪中荟萃自然与人文景观的绝佳去处。

从老鸦滩往上便是六曲。六曲为九曲之中的最短曲溪，景色却也秀美绝伦。具有“武夷山第一胜地”之称的天游峰即分布于此。天游峰海拔极高，甚至超出群峰，高耸巍峨，其峰顶常云雾缭绕，人立于峰顶就好似在天上游，故名为“天游峰”。在天游峰的顶端，坐落有一览亭，人站于其间，极目远望，全山山色一览无余，美不胜收。六曲诸峰中，多有一泻而下的瀑布，远望有如“镜中画，画中景”，近观则似虎啸龙吟，令人畏惧万分。

七曲自獭控滩始，这里有武夷山风景区的最高峰三仰峰。登上三仰峰峰顶，即可观望武夷全景，感受武夷全景的恢宏壮丽，气势盎然。一登此峰，极目远眺，有一种“一览众山小”的感觉，顿时令人心生敬畏，也令人深感骄傲和自豪。

八曲始自芙蓉滩处。此曲多有怪石巧岩，且栩栩如生，上有水狮石、下有水龟石等石景，故有“水上动物园”之称，游历此处，可获得不错的视觉体验，令人啧啧赞叹，感慨大自然的鬼斧神工，歆羡大自然造化万物的本事，这是人的能力所难以企及的！

从幛岩附近的浅滩至齐云峰下的星村镇，是为九曲。远眺九曲尽头处的星村，可见沃野千里，良田连片。观景于此，开阔的不仅是溪的尽头、溪的远处，更有人的胸怀和气度。

由于大自然的馈赠，九曲溪风景秀丽绝美。然而令九曲溪走上闻名道路的，不仅只有它那美丽的外表，更有那沉甸甸的文化

晒布岩　衷柏夷/摄

果实的积累。

在今天的九曲溪还保留有流传千年的历史文化古迹和历史民风民俗，在经过数千年的时光积淀，这些历史文化不仅有了厚厚的文化底蕴，而且更是成就了其不朽的独属于九曲溪的精神和灵魂。一入九曲溪，顺随竹筏而流，每一山每一水，就连每一首棹歌都有其独特的值得每一位游客细细品尝的韵味。游于九曲溪，不仅是一场饱览秀美山川的视听盛宴，而且是一场涤荡心灵的文化盛宴，是一种极致的体验。

武夷山不仅是洞天福地、人间仙境，还是理学名山。在九曲溪的五曲隐屏峰下，著名理学家朱熹在此建起武夷精舍，他著述、授徒、讲学、传播理学，留下了表达朱熹理学思想的“逝者如斯”“天心明月”“忠孝”等摩崖石刻。作为朱子理学的摇篮，朱熹在武夷山留下的遗迹还有朱子巷、五夫社仓、五夫镇的朱子故居紫阳楼、兴贤古街、兴贤书院等。游赏五曲，感受理学文化的熏陶与教诲，体会古学的精华，提升思想境界。

朱子进出武夷山，创下了脍炙人口的《九曲棹歌》。富有九曲溪特色的棹歌被武夷山人代代传唱，男男女女、老老少少，怀着一份对九曲溪、对武夷山深厚的感激和赞美之情，时时不知疲倦地传唱歌咏，他们中有的是兄弟排，有的是排工世家，有的是父女排，有的是夫妻排，有的是姐妹排，各种各样的排展现了丰富多彩的棹歌文化。作为九曲溪文化的一支，各种各样的棹歌体现了九曲溪棹歌文化的丰富，给游客带来了丰富多彩的体验，同时也很好地传承了九曲溪的文化。九曲溪水美，是因为历史民俗文化代代在其上积淀和发酵，同时也离不开每一位村民对于其文化的捍卫和发扬，正是他们日日夜夜不停地守卫和向外界展示和解说，才让更多的人了解并热爱上了九曲溪的文化。可以说，九曲溪的美成于自然，成于古今中外每一位造就和捍卫它的人民群众。

由于武夷山市政府对于景区的重视和保护，在近年来九曲溪整修与恢复的过程中，不仅不去旧意，而且又添新色，真乃一桩幸事。在时间如同火车般滚滚驶向远方的时候，九曲溪和它的文化并不仅停留在历史的昨天，而是随着劳动人民勤劳的智慧不断地巩固和壮大。犹如一棵千年老树，它永不会凋零，而且会一直不断开花结果。九曲溪的美景不仅仅依靠媒体的宣传，更多的是游客们的推荐与赞叹，这足以证明九曲溪的奇景闻名。

进入九曲溪，宛如镜中画、画中景，景中的气势和秀色，令人难以忘怀、心心惦念。一踏溪程，四壁松草攀岩、青翠绝滴；水面如镜，映衬雄伟的山峰丛林；风水交加，静中衬闹，活意盎然；石沿壁生，活灵生动。在这一静僻之地，乘一排竹，挽一古器，对着绿水青山浅斟低吟，就着一壶美酒，宛似天上人间！

（王森珍 / 文）

一片森林：变奏的绿色之歌

人从来不是存在者的主宰，而是存在的牧人。

——徐刚《伐木者，醒来！》

一　过往

亚热带的高山林场在美感上是得天独厚的。不但山岭起伏，森林也起伏着，随着海拔的升高，植物群落也有规律地更替。从远处看一座山，色彩上就显得变化多样了：下层一点儿的是阔叶林，一株株樟树、柏树撑着饱满而挺阔的叶子，在风中微颤；上层一点儿的是针叶林，松枝与杉木在银装素裹下显得刚正不阿、威风凛凛，令整个森林仿佛成为一个美妙而洁净的童话世界。

天色很暗，暗得看不清人影。树影婆娑，雾气一阵又一阵地飘过，“嘎吱嘎吱”与“刺啦刺啦”的声音交替行进，尖锐、沉重。伐木工人踩雪上山的步调，和着他们手中的油锯，组成一种高亢的节奏。然后在模糊到只剩下轮廓的远处，像是有一股无形的力量在拉扯，眼见着那树一株株地倒下，继而消失在视野中。

他踩着那些枯枝落叶，奔腾在林间，笨拙又努力地想让穿着厚重棉袄的身躯保持平衡。腐殖质层被碾碎的声音，恍若森林无声的痛苦与哀号。可到了近前，却发现终究还是差了点。枝上的叶子仍然在鲜明地颤动，仿佛将死之人尚未停止的呼吸；而脚边那些硕大的、伤痕累累的树桩，暗自怀想着枝叶树冠。

大竹岚竹林　吴心正／摄

他一个人安静地站在被砍倒的树前，捡起伐木者掉落的证件。就在那个瞬间，他忽然意识到，某种一直存在于自己想象中的劳动声音，有时并不是那么美好的。突兀地戛然而止，终于使得他明白，即使感性认识上，劳动或许是件需要被赞颂的好事，但是现实中对其的许多赞美，其实只是一厢情愿。或许有一些劳动天生就是错误的，就像许多诗歌即使优美动听，但却无法传世。

这碑叫“毁林碑”，立碑的人叫陈建霖，时任武夷山国家级自然保护区管理局基建科科长。他当时说过一句话：“我是武夷山的看山狗，谁要是砍树我就咬谁，我就是狗官。”1984 年，人们还沉浸在大建设的浪潮中。当时生态保护的理念并没有深入人心，因此人们对砍伐也毫不在意。武夷山所属的崇安县的部分乡

九曲绕青山　陈美中／摄

银杏王　吴心正 / 摄

农砍树一直砍到了玉女峰——这可是每天都要在电视屏幕上出现的福建省的标志，预示着森林资源已经到了告急的地步。由于客观环境因素和人们观念的限制，他才想出效仿古代树碑立传的方式，立下“毁林碑”并刻上盗树毁林者的名字，以示惩戒。

他叹了口气，拿起凿子，在石碑上又刻下一个新的名字。经年累月，这里已经有太多太多的姓名，在风吹雨打下，层层叠叠地靠在一起，羞愧而又沉默地注视着来往的人，同时也被来往的人以同样的眼光回视。

不料，一个略显青涩的声音却乍然在身后响起：“以后我不砍树了，你把我的名字涂掉好吗？”他回头，只见一位十几岁的少年站在面前，身后背着个竹篓。他看起来似有十五六岁，皮肤黝黑，喉结与胡茬都已经明显，却奇瘦无比。“我爸爸妈妈都病逝了，可妹妹和我还要吃饭……”

他叹了口气，说：“好。你把你家地址给我，我明天给你送点儿茶种过去。”

迷茫的表情，掉在脚边的油锯，却预示着改变的开始。

二　当下

整个武夷山自然保护区共 2.9 万公顷，其中遍布的原生性中

黄山松群　吴心正／摄

生态茶园　吴心正／摄

大竹岚竹海　吴心正／摄

亚热带森林是地球同纬度带保存面积最大、保留最为完整的森林生态系统。也正是这蓊郁葱茏的林海涵养了曲折萦回近60公里的九曲溪。而九曲溪上游的四新林场，是武夷山市重要的水源保护地。

“四新”，曾经叫“四新伐木场”，后来叫“四新林业采育场”“大峡谷生态公园”“武夷山森林公园四新管理处”，总之是“武夷山自然保护区”的一部分。在地图上，它位于武夷山市与邵武市连线的中点，走到水尽处，翻过山，便到了。这里似村落，但又不是村落，没有家族，没有祠堂，没有庙宇。水流声是这里最大的声音。据说此处在1966年建场，最初是建设兵团军事化管理的场区。经过五十多年的变化，现在是一个宁静美丽且充满传奇色彩的小山村。村民来自五湖四海，普通话是这里的通用语言，虽南腔北调，但味道儿却十足，没有所谓的武夷山口音。你在这山旮旯遇见老家邻村的老乡一点也不足为奇，八十多岁的老阿婆和你讲家乡话会让你泪流满面。可大山的魅力，始终是只有与山林守护人一道时才能真正感受到的。

“四新”的前身是国有林业采育场，2000 年，为了加强九曲溪上游水源的保护，武夷山市委、市政府决定，将原四新、程墩两个国有林业采育场成建制地划拨景区管委会统一管理。林场工人转变身份，成了护林员。“四新”管辖林地面积 6.2 万多亩，现有护林员 28 人，其中在职党员 15 人，平均每人要看管山林 2214 亩。

这里活跃着的护林员，终日与群山为伴、与草木为友，每天往返于崎岖的山路，看护山林，守护林场保护区。一天下来，工作说难不难，说简单也不简单。沿着林区山路前行，脚步匆匆，在气温骤降之时，已经随处可见结霜，但由于长时间徒步行走，他们也不觉得冷。走完全程需要 7 个多小时，因此，短时间休整后，他们开始清除大树旁的杂草。对于保护树种，无论刮风下雨，点数、观察、测量，是护林员们每天都要做的工作。小溪旁，大家席地而坐，一人一份干粮就是午餐。而夜幕降临，晚饭过后，其中几位护林员又来到了进山卡口，开始防火防盗、禁猎禁渔的夜巡值班工作。

巡山护林是充满危险的，要做好这份工作，除了坚持，耐得住寂寞，更多的是责任。遇到马蜂和蛇都是常有的事，“三过家门而不入”也不再只是一句玩笑话。日复一日，年复一年，每日繁重的工作任务，也让这些护林员放弃了许多与家人团聚的时间。但十多年的坚守付出，让这些护林员对大山产生了深厚的感情。

他们常说，自己是大山的孩子，守护大山，就像守护自己的父亲。

三　未来

近年来，武夷山的七家市属国有林场在整合后，成为闽北的首个生态公益型林场。经营区总面积可达 39.88 万亩，其中，生态公益林面积就可达 25.2 万亩。重组后的国有生态公益型林场——崇林生态林场，主要承担着保育林木资源等生态公益服务职责。一方面，这里大力提倡生态优先的森林培育经营理念，对树种结构进行调整，还将各类树种混合种植，营造混交林，对种类优良的乡土阔叶树种进行优先培育，以此来降低低产林分，并将天然阔叶林、重点区位林木列入封山育林区。另一方面，这里提倡水平整带，小块状整地，禁止采伐阔叶林，鼓励不炼山造林。未来的武夷山，将坚持贯彻"两山"理念，不断推进森林高质量发展。

人因大自然的存在而存在，大自然却不因人的存在而存在。因此，当你企图占有大自然的时候，便成了潜在的盗贼。不要等最后一棵树被刨，才发现钱币不可食用；不要等到溪流再也无法清澈，才发现根系是最好的护河人；不要等到鸟叫虫鸣成为录音，才发现它们如何悦耳动听。

我们都应当有所认识，并且清楚——每一个时代有每一个时代的森林之歌。以后关于森林的想象，将不再是伐木的声音，而是潺潺的溪水，和你我的放歌。

（刘冠秋 / 文）

一座生物宝库：生物多重奏

六月的清晨，空气中弥漫着潮湿的雾气，在山林里若隐若现，悄悄从纱窗的裂隙里，伴着金色的阳光溜进我的窗户。一室的静谧被鸟叫和虫鸣所打破，是金衣公主黄鹂鸟、占山为王的鹧鸪鸟和羽冠奇特的戴胜的多重奏，估计躲在低矮草本植物里的蟋蟀昨晚精力过剩，还在孜孜不倦释放奏响属于夜间的摇滚。再普通不过的一天，天然的闹钟把我惊醒。我睁开眼睛，睡眼惺忪，蒙眬中前几天那只在被我从坑里拉出来的小短尾猴在窗外龇牙咧嘴的，手里摇晃着一根玉米棒。它的这副模样使我不禁哑然失笑，果然猴子也有人性，救了它还拿根玉米棒来报答我。我一个鲤鱼打挺从床上蹦起来，伸了个懒腰，准备迎接独属于武夷山的清晨。

如果你问我是谁，我会很骄傲地告诉你，我是武夷山的护林员，生在这里长在这里工作在这里，照看这里的林木和动物，收集动植物标本，防止偷盗者偷盗珍稀动植物。跟在我身边的这只摇着短尾巴的小猴子，是我前几天从一个长满了草的陷穴里拉出来的。短尾猴是国家二级保护野生动物，四肢细长，尾巴仅有7厘米左右。通常情况下，在短尾猴中总有一只成年公猴保护幼小的短尾猴，可能这只小短尾猴的监护者打了一个盹儿，调皮的小猴子就跑出来找救命恩人了吧。

我穿上装备，背上装满了器材的书包，戴上帽子，脚蹬防止

铁杉王　肖文凤／摄

蛇虫蚂蟥的长筒橡胶鞋，戴上遮阳帽。煮了小短尾猴送我的玉米棒当早饭，带着小短尾猴，啃着玉米，又开始了熟悉的巡山之旅。

夏日的武夷山甚是郁郁葱葱，扑面而来的是森林中清凉而潮湿的水汽，巨大的杉木直逼云霄，头顶只剩下小片天空艰难地挂在树顶。我踩着由于走多了而形成的林中巡山小路，向着森林深处走去。距今300万年前，全球经历了冰雪肆虐的第四纪，这是一场全球性的生物灾难。大自然的偏爱和造化，让武夷山不可思议地从第四纪幸存下来，众多古老生物在武夷山找到了避难所，保存完好的原始森林就是各种动植物的天堂，它们在武夷山生存、繁衍，像是武夷山的神经与脉络。武夷山是一个中亚热带的

濒危保护植物——帽蕊草　徐自坤／摄

金斑喙凤蝶　吴心正／摄

动物园，拥有着近百种兽类、300多种鸟类、80多种爬行动物、6000多种昆虫以及数不胜数的水生动物。而我的任务，就是看护这些珍稀的自然生灵。

刚走了没多远，一阵猴鸣，是小短尾猴的家人来找它了。小短尾猴挠挠头，很快爬上树梢找妈妈去了。我才走了几步，就发现了在灌木掩映之中蛰伏着一只黄绿色的精灵，精灵的羽翼微微翕动，翅膀一翩跹似乎就能舞出霓裳羽衣舞。这是一只金斑喙凤蝶，世界级的珍稀蝴蝶品种，世界范围内发现的标本不足20只。我怀着巨大的惊喜小心翼翼地拿出相机，记录下了这珍贵的一刻，然后再轻手轻脚地，悄然而过。

我喜滋滋地翻看着相机里绝少被人遇见的美丽，这次偶遇足以回味许久。目前全世界共有昆虫34个目，武夷山国家公园就有了31个目，昆虫品种达6100多种，金斑喙凤蝶等珍稀生物在武夷山找到了庇护所。

手里拿着随手从林子里捡来的松枝，挑开挡路的树枝。头顶一阵飒飒的风声，耗尽了生命的竹叶随着风飘落，竹木的清香混着微凉的风，原来我已经走到了大竹岚。竹子在南方潮湿多雨的气候里生长尤为茂盛，大竹岚常年云雾弥漫，绿色的生灵在其中摇曳身姿。武夷山国家公园的竹林面积达到了11000多公顷，在低地几乎随处可见。毛竹占山为王，占据了大部分的林岗；表皮泛着些微紫色的紫竹，是娟秀的紫衣仙子，方竹守护在其边上；黄岗山矮竹和肿节竹见缝插针；湘妃竹太过于柔弱，总是默默生长在竹林边缘……林下土地别有洞天，我翻开一棵紫竹下的厚层落叶，果然发现了刚冒头的香菇，其实我经常可以从竹林下发现不少真菌，木耳、银耳等各种菇类就不用说了，偶尔还有灵芝和

白颈长尾雉　黄海／摄

白鹇　黄海／摄

鸡纵。春天第一声雷响的时候，冬天薄雪覆盖淡竹叶的时候，就是我来挖竹笋的时候。竹荪晒干做汤，鸡纵熬油炖小鸡，竹笋炒糟菜，茶树菇炖排骨，这是武夷山留给山中人的绵长滋味。

我巡山常常从山脚下爬到山顶，对武夷山的垂直地带性深有体会。纬度和海拔赋予了武夷山 5 个植物垂直带谱，一步一步往上爬，温度慢慢下降，植被明显变化，从一年四季都是绿色的阔叶林，到冬天光秃秃的针叶林，再到低矮的灌木，最后是伏地生

榧树王　吴心正／摄

长的苔藓。爱美的武夷山随着海拔上升还换了好几套衣服。全球同纬度地区大多是黄土沙漠，武夷山的碧绿成妆，无疑是自然的偏袒和赠予。今天我特意路过了南方铁杉林，它树干笔直，犹如撑开了一把把碧绿的大伞，阳光只能细细碎碎从林间缝隙偷溜下来，在很多时候，置身于此，林下阴凉昏暗，分不清是白天还是黑夜。这是国家三级保护野生植物，这片是中国仅存的铁杉林。我经过一棵据说拥有着900多年历史的红豆杉，它树干遒劲，布满斑驳，一年二十四节气，900多个年头，它是经历了多少节气转变，满身伤痕却依旧盘踞于武夷山的一隅。据说它的枝叶可以提炼出一种抗癌特效药。我好奇地站了一会儿，捡走了树下的一片叶子。武夷山的树种还有很多，如好客的黄山松、秀丽的水杉、珍贵的鹅掌楸等。我最喜欢的还是银杏，在秋天落尽芳华，洒落一年金黄的年华，然后等待下一年的山中童话，在秋天里留

眼镜王蛇　阮雪清／摄

下满目的沧桑。

走到一条小溪边，一声独特的蛙鸣声让我停住了巡山的脚步，这不同于普通的蛙鸣，而是类似鸟鸣，我侧着耳朵仔细听，然后从溪边的石头里蹦出来一只头上长角的蟾蜍。我不禁兴奋起来，天哪，这是雨神角蟾，是2013年才在武夷山发现的广义角蟾属的一个新种，这种角蟾在个体形态、叫声和遗传基因方面和普通角蟾有着明显的不同。武夷山的溪流可是宝藏，各种古老的鱼类和两栖动物生存于武夷山山间河谷中，其中不乏暂未被发现的物种。

武夷山有“三多”，鸟多蛇多昆虫多。在保护区里，有一条令人生畏的山沟，人称“蛇坑”。在这条山沟里，几乎每平方米就有一条蛇，出现的频率比以蛇多闻名的大连岛都高。一条尖吻蝮蛇横在我的前路，咝咝地吐着芯子，三角形的头部和棱形对称的灰黑色花纹警告人类切勿靠近，否则后果自负。在武夷山待久了，蛇虫一类见多了，可是每次见到俗称五步蛇的尖吻蝮蛇都会胆战心惊，据说被咬之后五步之内必死无疑。但是这种蛇的经济价值极高，提取的蛇毒堪比黄金，可用于制作多种特效药。我屏住呼吸，悄无声息绕路而走。

武夷山独特的生态系统和多样的生态环境使得它成了生物基因的宝库，吸引了国内外无数的专家学者前来考察调研、开展项目。早在清朝时期，英国人就来到武夷山桐木村一带采集植物标本。之后，不少外国人慕名而来，把武夷山的秘密带给全世界。武夷山的生物标本由此出现在伦敦、纽约等城市的博物馆。民国时期，我国生物学家郑新作、何景、马俊超先后在大竹岚一带采集标本。新中国成立以来，武夷山成了国内高校生物学研究基地。政府各部门拨款建设的自然博物馆、教学实践基地、专家楼在山里生根落地，为研究的开展提供了保障。我身为一个护林员，还有一个重要的任务是采集有价值的动植物标本和血样，丰富基因库，在未来某些动植物灭绝的时候，生物学家们可以利用这些标本“复活”已经灭绝的动植物。一路走来，我的背包里已经装下了不少昆虫的活体标本和植物，它们即将由林业局寄往各大高校生物实验室。

在峡谷中，我又遇见了一条通体黑色的蛇趴在松树上，远看黑色的皮肤闪着荧光，体长跟我的手臂差不多，手指般粗细，我在记忆库里迅速回忆了这类蛇种：通体黑色，纤细，似乎暂时没有专家学者提过这种物种，说不定这是一种暂时无人发现的新物种呢。我思考了一阵，决定提取这条蛇的血样去基因库进行比对。我小心靠近，提起尾巴，用蛇勾按住头后，直接迅速压住蛇头，拿出早已准备好的细针头，准确插入七寸之下的蛇心脏，提取了一小罐蛇血，放入冷冻设备里。提取完这管蛇血，太阳已经逐渐西沉，也该踩着夕阳的步伐走来时的路了。

归途中，我想起来了保护区专家、厦门大学的生态学教授李振基教授说过的话：“我们亲近自然、了解自然、研究自然，就能从自然中获得无限的灵感。自然是最好的老师。”武夷山如同一位生物学老教授，冷静沉着，热诚慷慨，独坐中国东南一隅，安然捧着一杯散发着淡淡清香的茶，日复一日养育着各种珍贵的生物，让自己成了实实在在的国家生物名片。

回到基地，刚好夜幕降临，喧闹了一天的武夷山，终归沉寂。

（包雪艳 / 文）

第三辑

人力之巧

水还是那片水，山还是那座山，可旧时与今日，却是完全不等价的了。都知道银行可以增值增息，而自然就像是那生态的银行，在一片绿色中生成更浓郁的苍翠，浓得几近滴出幕布来。在这片苍翠的背景中，百姓富了，生态美了，就连那低声的私语与呢喃，也被放到台面上，编织成可望可即的梦境，送给过路的旅人了。

一个国家公园：洞天福地，碧水丹山

鬼斧神工亦壮哉，天公造化费疑猜。
劈出巨剑山一线，湿尽黄竹雾乍开。
万仞丹峰凝碧血，几湾飞雪梁苍苔。
武夷收尽人间美，愿乘长风我再来。
——刘白羽《愿乘长风我再来》

人在武夷画中走，每一步都是一幅水墨山水画。大自然以漫长的时间为利斧，以流水的冲刷为刻刀，精心雕琢了这里奇峰林立的丹霞景观：峰崖奇石千姿百态，地貌景观丰富多彩，山依水而立，水环山流淌。泛舟九曲，是大家到武夷山旅游最喜欢的项目。从空中看，九曲溪上的竹筏熙熙攘攘，但是当你置身竹排之上，你会感受到另一番静谧，闻到的是清新的花香，看到的是秀美的山河，听到的只有潺潺的水声和竹篙的脆响。公园内自然环境多样，孕育着多种多样的植被类型，是亚热带东部地区森林植被保存最完好的区域。园内植物物种和群落丰富，有红豆杉、银杏、钟萼木和水松等国家一级保护植物4种，鹅掌楸、香果树、半枫荷、蛛网萼等国家二级保护植物19种，还有福建假稠李、武夷蒲儿根等武夷山独有的珍稀植物。特别是黄岗山区域生长着1000多亩集中连片保存完好的南方铁杉群落，更是难得一见，珍贵异常。这里是“鸟的天堂”，若有幸，还可瞥见黄腹角雉；这里是“蛇的王国”，挂墩后棱蛇是我国特有种；这里还是“昆虫的世界”，园中的金斑喙凤蝶被誉为“蝶中仙子”，是我国唯一被列入国家一级保护野生动物的蝶类。

我乘坐古朴的竹筏顺着九曲溪漂流，瞻仰两岸文化古迹、饱览武夷溪光山色。我即将拜访这样一群人：他们就隐匿在这片大山的深处，日夜守着山门，与野生动物为伴，与破坏生态者为敌，为了福建这抹最绿底色，默默坚守。

在皮坑检查哨卡，首先见到的是武夷山国家公园武夷山执法大队的马队长，他提醒大家，进去不能用火，火种要留下来，此外，“涉及疫木的管理，万一管理不严，疫情带入保护区，会造成很大的影响”。穿过皮坑哨卡，就进入武夷山国家公园核心区——桐木关了，除了当地的村民，外来人员和车辆都要经过严格的报备程序才可以进山，24 小时守着山门的工作虽然枯燥，但却十分重要。春节期间，进出山的人员与车辆激增，马队长也给自己安排了每天 4 小时的哨卡岗，督促队员们提高警惕。

随行一番后，我才明白：在国家公园做执法工作，工作的开展往往要权衡多方面的利益，问题也没那么简单就能处理。而桐木关是世界红茶的发源地，也是正山小种红茶最重要的产区，村里大大小小的茶企上百家，过去大家都喜欢通过竖立广告牌以增加品牌曝光度，久而久之，公路沿线的绿美风景，就全被花花绿绿的广告牌遮挡了。但如果“一刀切”，直接拆除，无视茶企的利益，势必会引起他们的不满。于是，武夷山国家公园联合武夷山市政府对公路沿线的广告牌进行改造，在一个广告牌上既有国家公园绿水青山的宣传，又有多个茶企的联合宣传，这样不仅减少了广告牌的数量，而且树立了国家公园的形象，起到双赢的效果。

“上管天、下管地，中间管空气”是这些绿色守护者们在玩

武夷山大峡谷　阮雪清 / 摄

天游佛光　吴心正／摄

笑中对自己工作的总结，而每天紧张而忙碌的工作，对于马队长来说却是家常便饭。自1990年来到武夷山自然保护区工作，近30年他与他热爱的森林为伴，他早已像保护自己的眼睛一样，保护这里的一草一木。他表示，明显感觉到公园内的生态环境逐渐变好，所负责的工作是在践行习近平总书记提出的绿水青山就是金山银山的发展理念，加快生态文明体制改革，建设美丽中国，建立以国家公园为主体的自然保护地体系。

由于生态管护员在看展巡护工作时的环境较为艰苦，且潜在风险较多，为有效缓解他们的后顾之忧，中国人保财险福建分公司和武夷山国家公园管理局签署合作框架协议，为237名武夷山国家公园管护员捐赠为期两年的团体人身意外伤害险。武夷山国家公园管护员代表说：“当听到保险公司给我们捐赠的时候，大家都非常高兴，这使大家多了一份信心和动力，今后大家将齐心协力地把武夷山国家公园建设好。”武夷山国家公园管理局局长助理则表示：“这不仅为我们一线管护员吃下一颗定心丸，也为其他企业社会团体和个人以及社会资金支持试点工作做出了示范，对推进‘机制活、产业优、百姓富、生态美’建设做出了示范作用。”

我想，武夷山国家公园的魅力不仅来源于大自然的鬼斧神工，还与这些绿色守护者们兢兢业业地工作分不开。园内的各个角落，都留下了他们的足迹和汗水，这也是他们引以为傲的事情。

在公园内实行集中统一管理，公园由国家直接管理，少部分对外开放旅游，主要目的是为了保护生态环境。国家林草局公园办规划处处长陈君帜曾带领北京林业大学自然保护区学院院长雷春光教授、北京大学城市与环境管理学院副院长陈耀华教授两位专家深入武夷山市、光泽县对武夷山国家公园进行考察，专家们一致认为武夷山国家公园成立后，保护成效明显，促进了社区发展，改变了原住民的生产生活方式，并对如何优化和合理确定边界形成完整生态系统保护地，合理确定国有与集体权属比例，总结可复制、可推广的经验、做法等方面提出了建设性的意见。

试点区即将进入全面验收阶段，为进一步保护国家公园良好生态环境，福建省人民检察院联合福建省高级人民法院、福建省森林公安局和武夷山国家公园管理局等职能部门，决定在武夷山国家公园及其毗邻区域，开展打击破坏武夷山国家公园森林资源和生态环境违法犯罪专项行动。据了解，此前开展的严厉打击毁林种茶破坏生态环境违法犯罪的“春雷行动”也取得显著成效。

日渐完善的管理方式为公园的建设保驾护航，为公园的发展锦上添花。在游园过程中，我发现众多前来开展研学的学生，我仔细查看他们的课程设置，已然自成一派，趣味十足：植物拓印、昆虫世界、奇石妙绘、野猴寻踪、森林舞会、丛林穿越……让我印象深刻的是“丛林奇兵”这门课程，参与者需要背着自己创造的森林武器，化身为丛林卫士，为流浪的小鸟安个家，去守护森林的和平。通过研学，学生们切身参与到保护森林的行列中，这种沉浸式的体验才会让他们更加爱护与珍惜这片绿色。

我顺着武夷山云河漂流去，告别之余不禁感叹云河之美：

美在云河云，万里晴川，悠云漫卷，时而浓若泼墨，慵懒舒展；时而淡若清风，悠游自在；时而像飞奔野马，变幻莫测；时而如滚滚浪潮，浩野无边，与云河同行，云水相伴。

云河美，美在云河峰，峰壑接连，临水而列，轻舟依水向南流，元宝恭迎天下宾；西岸丹霞相对出，十三仙人指迷津；三姑化石梳妆台，幔亭招宴话武夷；俊朗端庄唯大王，蓦然回望闽天阔。

云河美，美在云河水，清澈见底，波光粼粼，镜台映衬群山青，水色遥看近却无，形态各异的石头，静静倾听着溪流的往事；自由嬉戏的鱼儿，感受着水世界的静谧；四溅的水花，对话逐浪而行的竹筏。

再见，这洞天福地，若有机会愿再一次寄情武夷山水，泛舟烟雨云河。此情此景，这或许已达成国家公园建设之初衷。

（林雅芬 / 文）

一个田园综合体：既要金山银山又要绿水青山

轻巧的竹筏漂在水面上，山间红色的石刻一幕幕地由远而近，迎面而来，幽幽的水面被前行的竹筏划开，沿着竹筏两侧一波波地荡漾开来，空气中弥漫着水波与山间独有的气息，微微凉风丝丝拂面，朴素茶杯里装着的大红袍茶似玛瑙般透着引力，一旦轻轻润润地滑入口中，便可感受到原汁原味的“岩骨花香”。细细回味，悠悠荡荡，似绿茶般清甜可口，又如红茶一样的甘醇美好。坐在筏中，听风的细语鸟的欢快，偶尔有几声船夫的号子从远方飘来。

“翻忆三千神女，齐唱霓裳一曲，月里舞青鸾。此恨凭谁诉，云满武夷山。”这就是世人眼中仙境般的武夷山。

登天游，漂九曲，武夷览胜。

武夷山，这个山灵水秀的地方，历史悠久，近4000年前就有先民聚居，是福建省的第一名山，典型的丹霞地貌，这里又是三教名山，自古以来便是羽流禅家栖息之地，实为宝地。五夫镇正是深藏在武夷山的一颗明珠。

沧海桑田，世事变迁。自五夫镇被列入国家级田园综合体项目试点后，这个古老的名镇开始重新焕发生机。五夫镇，或许知晓它的外人并不多，但说起朱熹，相信无人不知无人不晓，其实它正是朱子故里。若在旅游淡季走进这个古老韵味的乡镇，你会看见山水悠悠，风光旖旎，鱼跃鸟鸣，果香十里，令人陶醉；到了旺季时节，从万亩荷塘，到兴贤古街、朱子广场，还有各大酒馆餐厅，热闹非凡，游客络绎不绝。甚至在五夫古镇老街中，随处可见各个朝代的石碑、柱磩、抱鼓石等，有的被当成铺路的基石，有的直接散落在路边，还有一些老宅倒塌后，也留下了许多雕刻精美的砖石构件，这些都是五夫古镇一千多年来的历史见证，向世人展示五夫镇悠久的历史和人文底蕴。人们在此或休闲观光，或疗养度假，享受惬意生活，一派人杰地灵、祥和悠闲之景。

犹记得就在不久前，这儿还是一个再普通不过的山麓村镇，虽然有山有水，景色秀丽，但位置实在偏僻闭塞。这儿土生土长的人们大多世世代代种田，过着“面朝土地背朝天，一身力气百身汗”的农民生活，若是碰上收成不好的年景，或许一年的辛苦都白费，基本上家家户户清贫一世，能填饱肚子已是莫大的福气。这儿的男娃女娃基本上读了几年书也就回去帮忙家里的农活，想走出这个闭塞的小世界难如登天，甚至村民们认为这是他们注定的命运，也未曾想过改变。

但如今，这儿已大大不同了，这几年的五夫镇集循环农业、创意农业于一体，逐步实现农村生产生活生态“三生同步”，一二三产业“三产融合”、农业文化旅游“三位一体”。整个村镇不仅越来越现代化，这里的村民生活也得以翻天覆地地改变，倒真是当代的世外桃源了。

五夫镇一直是个农业大镇，但之前只是依靠最原始的人工劳作，费时费力，家家自给自足就是上天赐福了。“以前哪想过什么赚大钱呀，吃饱肚子就不错咯，但现在我们村都有电视里的超级杂交稻了，而且还有高科技的机器，上头派的同志教了几次，我就学会了，我一个老头子干起活来也不费力！”村民焦老伯说

五夫万亩荷塘　张筱惜／摄

道，黝黑的脸庞上幸福的笑容却藏不住。焦老伯就是地道的本地人，世世代代种田为生，原来他家两个儿子也在家里帮忙一起干农活，但这几年五夫镇引进了科技农业等现代化农业，不仅土地的收入变多了，连人手都用不着那么多了，两个儿子干脆外出打工来补贴家用，一年到头足足比之前多赚了十几万，焦老伯一家人的日子正变得越来越好了。

焦老伯还通过村委会想办法在自己家也搞起了超级杂交水稻的试验田，辅助政府和水稻工作站一起试验，果不其然——“这儿环境太适合研发和试种最新超级杂交稻品种，因此政府特意引进我们袁隆平工作站团队的核心技术，我们这样种植出来的稻米可以大大减少农药投放量，而且长势更好，总而言之，让稻米更健康、更安全、更多产，”袁隆平院士工作站的焦新轻说，“这在福建地区还是首例，而且我们现在要做的是创意农业，相信假以时日，五夫镇会让大家刮目相看。”焦老伯也忍不住补充道：“这种稻米品种是真的好！我们内行人一看就知道，这种稻米儿秆直抗倒伏、穗大还粒多，关键是产量也变大好多，真的不愧是高科技啊。现在咱不仅赚的钱多了，咱老百姓生活还越来越红火了，重要的是咱老祖宗留下来的土地和山水也没被破坏，我看呀，咱五夫镇完全可以做到既要金山银山，也要绿水青山！”这番话道出了五夫镇田园综合体的精髓所在。

离这儿不远处，还有个新成立不久的田螺湾生态农业基地，虽然是现代化基地，但却与武夷山的自然环境融合得很好。在这个基地，依旧可以见到青山环抱，偶尔还能见到几只白鹭立在水田中，仿若仙境。

武夷山市科技特派员李庆华介绍，这个田螺基地里的鱼塘养殖产生的粪便及残饵通过微生物分解技术处理后，输送到鱼塘下方的田螺精养区，供白莲和田螺吸收利用，形成可循环利用废弃物的绿色种养模式。

与此同时，这样的创意基地更是为当地的农家乐提供最新鲜的原材料。武夷山源于自然，生于田间的五夫三宝，被农家乐的大厨们加工成餐桌上的美味三煲：泥鳅、黄鳝、田螺煲。来武夷山旅行的游客们往往都会忍不住点上几道这样的乡间田野美味，毕竟在城市里，这样的野味越来越稀罕了，不知不觉这便成了这里最经典的招牌美食。当然，经营农家乐的村民们也是开心得合不拢嘴，为游客们开开心心地烹饪佳肴。更何况，出自田螺育种基地的田螺和其他宝贝都是在青山绿水里生长的，比起一般的野味，食用起来更安心。挑剔一些的美食家，还可在紫阳楼对面的酒楼菜馆里，吃一顿正宗的“朱子家宴”，有朱子家酒、鼠曲饼、酿豆腐、青炒田螺等，这便是最地道的武夷山美食盛宴了。细想来，这样的美景、美食孕育出了朱子这样有影响的文学大家也不奇怪了。

现在的五夫镇早已不是原来那个靠天吃饭的穷乡镇了，如今它利用标志性的万亩荷塘和田螺湾，打造了一系列趣味项目：荷花盛开季节，游客们可观赏“莲叶何田田”的无限美景，还可以亲自体验采莲、剥莲子的项目，在田螺湾打捞田螺，更有爱好美食的旅客深入厨房为自己亲手制作一道清炒田螺，这些项目一直深受欢迎。

不仅休闲农业和乡村旅游发展起来了，甚至很多农家自己搞了个乡村采摘园，专门为游客提供新鲜的果蔬品采摘。不仅如此，政府还会给予一定的农业补贴，产量大的话还可以卖给村里的合作社和水果园，例如五夫村的千亩葡萄园和百香果特色水果园。果园主人胡国强是当地有名的“果园大户”，世代种果树为生，自从综合体项目实行以来，乡镇政府因地制宜，直接与老胡达成了互利互惠协议，政府给老胡一定的补贴和宣传帮助，老胡就负责拿出自己的看家本领，让果园生机勃勃，吸引了不少游客。由于五夫镇自然条件优越，果园一年四季都可供游客采摘。老胡倒是个爽朗人，大方热情，总愿意向别人介绍自家的果园："咱这儿气候好环境好空气也好，不仅养人还适合各种水果生长。比如每年1月到4月，天气冷一些的时候果园以草莓为主，也有柑橘，非常甜哩！4月开始，春天到了，桑葚就来了，5月就更多了，得有樱桃、枇杷，咱也不打农药，摘下擦擦都能吃，可好了！到了下半年，7月到9月，还有葡萄、百香果，总之一年四季我这果园都是宝藏。"

除此之外，越来越多的农家乐和乡村旅游品牌，例如农事体验园、田园风格度假村、原生态小船出租体验、农产品自由采摘等一类的趣味性项目在武夷山五夫镇如雨后春笋般涌出。除了新鲜的食材和仙境般的自然山水，五夫古镇人民天生的热情与质朴也让游客流连忘返。比如在古街里几乎很难发现一家现代化的商店和旅馆，大多数都是自己家改造的民宿和客栈，一般也都因地制宜而改造，从外面看去是普通的民宅，进去以后却温馨如家，装修风格简约大方，舒适宜人、干净整洁，特别是服务很贴心，一般都是房屋的主人自己当老板、老板娘。当地人都非常热情淳朴，从衣食住行到天气预报和当地特色都会细心地和你交代清楚，颇有家人般温暖的感觉。

比起其他商业味道较浓的古村，五夫古镇里的老人和孩子虽然会对过往的游客热情地招呼交谈，但他们不会轻易向游客兜售商品，若你主动一些，他们甚至还会热情地带你到家里参观，为你介绍老街的历史和人文，让你受宠若惊之余又感到亲切温暖。

若追求更高档次的特色精品民宿，五一村艺术家小镇就能满足你。这个小镇里的民宿更适合想要静谧环境的旅客，这里出租的一般都是改造后的独栋花园小洋房，窗外就是一望无垠的果园和稻田，还有颇有艺术味道的建筑和路标。“我们也鼓励倡导五一村的村民共同入股建设，共同发展咱这一块的旅游服务业。附近的村民也很积极参与和大力支持，因为这个艺术家小镇也带动了周边的经济。”截至 2017 年年底，这个新兴的艺术家小镇已经吸引来自全国各地乃至海内外的游客 3000 多人次，不仅给村里带来 50 多万元的集体收入，更是大大改变了整个村的面貌。村支书王清福大哥便是这个小镇的见证者和推动者。

现在的村民们足不出户就可以过上比之前更好的日子，村民们也很乐意接待全国各地乃至世界各地的游客。把家里打扫得干干净净的，时刻可以招待过路的游客，空暇时在自家院子里沐浴着满天星光，看着猫狗打打架，大家共品一泡大红袍，聊聊武夷山的古往今来，再听游客讲讲外面的大千世界，仿佛一切都在这个秀美壮丽的山水之间静止。

“武夷山上有仙灵，山下寒流曲曲清。欲识个中奇绝处，棹歌闲听两三声。”

远处武夷山的重峦叠嶂，山峰隐在缥缈之中，九曲溪水清澈碧绿。远处的号子似乎在隐隐呐喊着武夷山乡村的振兴。青山绿水依旧在，五夫镇的故事仍在继续，美好生活也依旧在路上。

（林娟君 / 文）

度假区夜景　吴心正／摄

一个主体功能区：生态美景，武夷蓝图

生态文明构成了可持续发展的文化成果，而主体功能区是生态文明建设的一个重要的模式。20 世纪 80 年代以来，我们对资源、人口、环境状况的认知有了全新的变化。虽然我国幅员广阔，但人口众多，适宜高强度、大规模工业化和城镇化开发的土

地面积不足。改革开放以来，我国工业化和城镇化推进加快，国土空间问题日益严峻。那么如何协调区域发展与生态环境两者之间的矛盾？哪些地方可以开发？哪些地方应该保护？建设规模和边界如何确定？建设规模和边界与资源环境承载力是否相容？政府和市场的边界是否清晰，其中的弹性在哪里？

武夷山市正对区域发展和生态文明、生态环境保护做出创造性实践。2014 年 3 月，武夷山市成功入选国家主体功能区建设试点示范单位，成为福建省入选的四个县（市）之一，2016 年 9 月 14 日获得国务院批复同意增列国家重点生态功能区。于是，一张蓝图成了武夷山优先保护生态功能，重点保育国土空间的重要体现。

大竹岚　吴心正／摄

那么，让我们戴上头盔和风镜，双脚踩下那脚踏，恍若听见风在耳边穿过的声音，顺着那流动的生态廊道，一起开启一趟武夷山低碳骑行之旅吧。

“一轴”带动生态城市发展

岚谷乡在拂晓中，鼻间飘过一阵浓浓的香薰味，不觉深深吸了几口，骑车寻着寻着，那是一家“岚谷熏鹅”店，与老板聊上三两句，便沿着武夷山市发展主轴向南开始了骑行之旅。岚谷乡是一个“九山半水半分田”的山乡，放眼望去是一片片的树林，缓缓升起的暖阳拨开薄雾，透过树叶，恍若置身人间仙境。感到微微的凉意，渐渐听到“哗啦哗啦”的水声，便是崇阳溪的发源地——铜钹山，顺着溪水向南骑行，脚上变得轻快了不少。倏然，好像穿越到了明清时期的江南水乡之中，拱桥、石径、山涧卧，断壁、残垣、炊烟袅……“哎……”摆茶的妇人声把我从梦境中唤醒，原来已经骑到了吴屯乡。眼前是大片的梯田，稻间一条条鲤鱼追捕着与水稻争肥的浮游生物、侵袭水稻的害虫。这里便是武夷山市东北部的粮林禽鱼、旅游产业区，并且正在向休闲观光农业区、农业生态园区转变，更是水源涵养与生态屏障区重要的一部分，黑瓦泥墙高低间杂，熏香四溢，稻花飘落，鲤鱼游动，构成一幅乡野情趣浓浓的生态美景。

沿着溪水向南，赫然映入眼帘的是城市风貌，便是进入了城市综合服务与生态协调区，这里是武夷山市的主城区，街边是林立的建筑，牵着车沿着街道漫无目的地闲逛着，好似能想到这儿古时候的热闹景象，仿佛能听到朗朗的读书声。令人惊喜的，那近处、远处都有一片片绿意，有那一方方茶园，有那一座座山峰，恍若城在山中，又好似山在城中，这里也是武夷山的主景区，被定位为杜坝旅游服务园区。顺着崇阳溪，道路越来越平缓，眼前景象又换了模样，这里的城村古汉城遗迹仿佛让人置身于西汉末或东汉初年。古越族宫中有着我国迄今为止所发现的年代最久远的宫内浴池，其供、排水管道设施非常严整、完备。穿过古城，入目的是山间万亩的肥沃农田和茶山，还有各样的经济作物和食用动物，这儿的人们在兴田镇这片创业沃土上，探索生态产业，未来这里将会成为仙店生态创业园区，也将会成为武夷山发展的副中心，使现代农业发展呈现新格局。古城与新城，乡村与城市，保护与发展，天色渐渐暗下，这里还在上演着一幕又一幕生态文明建设的动人故事。

"东翼"促进人文生态旅游

这里是万里茶路的起点——下梅村。当溪上漫着茶的清香，溪水两边的粉墙、青瓦、马头墙仿佛在讲述着过去的故事，窗楣梁柱上的木雕让人感觉置身于江南水乡。骑行在下梅村窄窄的小路上，风的强度，茶的香味，雾的厚薄，光的明暗，无不恰到好处，乡土气息浓郁。这里是中国历史文化名村，更是未来的旅游综合体。顺着当溪向东，便到了上梅乡，这里是闽北乃至福建省著名的革命老区之一，这里的红色旅游备受关注。环顾四周，莲花峰、金鹅峰、大王峰、笔架峰耸立，随处可见的红色与山野的绿色交相辉映。沿途还看到各种的生产基地，有特色烟茶基地、笋竹高标准示范基地、食用菌生产基地，上梅乡成为武夷山市重要的蔬果种植加工区。生态好、零污染、好收益，农业与旅游、生态与保护在这里展现得淋漓尽致。

峡谷漂流　吴心正／摄

再向东，便到了五夫镇。一股淡淡的清香扑鼻而来，莲花怒绽，在田间，不少忙碌的莲农为五夫莲林生产加工产业贡献自己的一分力。骑行在五夫白莲万亩荷塘旅游观赏区，心境逐渐豁然开朗起来，看着莲，仿佛感受到理学之灵气。因为这里是北宋理学名家胡安国父子的出生之地，这里是南宋理学鸿儒刘子翚、朱熹的理学基地。车轮划过鹅卵石，巷多曲折，两侧皆是古屋高墙，耳边仿佛回响起朱熹授道讲学的足音。兴贤书院、紫阳楼、屏山书院、五夫社仓和开善禅寺这些宋代时期的理学建筑依然矗立，留下的还有古朴淳厚的民风习俗。清香伴着书声，无不让人难以忘怀，无不令人心旷神怡。

“西翼”推动红色生态旅游

沿着西溪，似乎还有一声声深入人心的军号声，这里是革命老根据地——洋庄乡。“在第二次国内革命战争时期，洋庄乡大安村曾是中国共产党闽北党、政、军机关所在地呢，”纪念馆的讲解员说道，“新中国成立后，为了缅怀革命先烈，继承革命传统，我们先后修建了四渡桥阻击战纪念亭、中共福建省委旧址、大安革命斗争陈列室、坑口革命陈列室等多处革命旧址、纪念碑亭，作为一个重要的爱国主义和革命传统教育的阵地。”骑车穿过“闽北红色首府陈列馆”“苏维埃政府旧址陈列馆”“红军礼堂”等红色旅游场馆，一边感受着革命气息的熏陶，一边缅怀着革命英烈。红色之外，便是绿色。黄岗山是洋庄乡境内最高峰，也是武夷山脉最高处，洋庄乡在武夷山国家级自然保护区内，包括水源涵养与生态屏障区、生态功能保护与屏障区和“双世遗”生态旅游与保育区。拥有得天独厚的秀丽风光和丰富的红色教育资源的洋庄乡是武夷山市世界自然与文化遗产地的重要组成部分，也是未来的生态红色旅游休闲度假区。

向南骑去，盘山而去，眼前显示的杉木、竹子，渐渐地变成了甜楮、芒萁。再向上，空气越来越潮湿，眼前便是满目的黄山松，再骑着，空气变得格外清新，风吹来丝丝凉意，森林变成了矮林、草甸，于是便到了“华东大陆屋脊”黄岗山。黄岗山是重要的生态保护地，是九曲溪的重要源地，这里有着绝美的国家森林公园，这里是九曲溪上游生态旅游区。顺着九曲溪向东骑去，曲折蜿蜒的溪水，载着一条条竹筏，沿着一曲曲顺流而下，碧水蜿蜒，深浅相间，清澈明净，一尘不染，沿途皆为满目的美景。“这里可不能开发嘞，他们说这是‘禁止开发区’，这都是有一条‘生态红线’的，要好好保护我们武夷山这片好林子。”路边的大爷激情澎湃地告诉我。这真是难得的世外桃源呀！又骑行了好久，路边的茶园渐渐多了，星村镇桐木村到了，这里生产的正山小种红茶，享誉国内外，更有“桂圆香汤”之口味，令人回味无穷。进入曹墩村，便又闻到另一种独特的茶叶经烘焙过后的醇香，悠久的制茶历史，得天独厚的自然环境，使得这里因武夷岩茶大红袍而分外有名。星村生态茶产业区依靠茶叶，不断发展壮大，除了正山小种红茶、大红袍岩茶，乌龙茶珍种——肉桂更是进入全国名茶行列，各类的名茶为星村镇带来了丰厚的收入。此外，沿途还有白术、元胡、厚朴等名贵药材和香菇、笋干、柑橘等土特产，所遇见的畲族妇女十分热情好客。自然生态和红色旅游区是武夷山西翼发展的重要导向，在重点发展旅游、茶叶、林粮生产加工的同时，更严格地保护武夷山的一草一木，保护濒危的植物动物，让九曲溪的水更清，让黄岗山的树更绿。

一趟低碳骑行之旅，勾勒出武夷山市主体功能区的独特之美。面对生态文明建设中的矛盾和挑战，武夷山的“一张蓝图”正是遵循着“创新、协调、绿色、开放、共享”“尊重自然、顺应自然、保护自然”等发展理念，不断努力，在武夷山市秀丽的土地上描绘出“一轴两翼多点”的美丽的蝶形城镇空间格局。“一份清单”严把产业项目准入，“一条红线”落实生态空间用途管制，武夷山市积极建立与主体功能区建设相适应的体制机制，实现生态产品能力显著增强、绿色经济竞争力全面提高，建设天蓝、地绿、山青、水净的美丽武夷，实现区域经济社会的持续发展，在武夷山的秀丽土地上演绎更多动人的生态文明故事。

（林月 / 文）

一座生态银行：
存进绿水青山，让自然增息增值

"武夷群山，山把那个水相伴，水把山哟搂在怀，山奇水秀似仙境，阅尽人间一幅山水好画卷。"

——《武夷山歌》

点燃武夷山下的万家灯火——资源整合

2018年12月3日，在福建省南平市顺昌县，林农夏六华从一家新开的银行营业厅里走出来，她面露喜色，手里还拿着一个存折——编号001。去银行开账户，领存折，可能是再平常不过的操作，但你可能想不到的是，她的银行账户里，存的不是人民币、美金或欧元，而是自家山坡上种的那9亩杉木幼林。不仅林木可以存，山、水、田、湖、茶、古民居等资源都可以存。

而生态银行和普通银行的联系在于，在生态银行里，"生态"是可以"变现"的。

就拿001号存折里的9亩杉木幼林来说，在签订托管协议后，在之后20年的托管期之内，"银行"会根据林木价值进行评估，并根据评估价值发放预期收益，每个月她都可领到310元的预期收益。托管期满后，根据山场林木实际产生的价值，还能再拿到除预付收益成本外的六成纯收入。

当我们看到一片林子，每个人都会有不同的想法，生态学家

生态银行试点 李直玲 / 摄

会想尽一切办法，让树林的生态环境得到保护；作家会把它当作亲近自然的天堂，荡涤灵魂的胜地；而林农，则把它看作是世世代代辛勤工作的地方，是他们收入的来源。

同一片林子，对于不同的人，居然有这么多不同的可用之处，有的人看到情怀，有的人能在情怀里发现商机。而这些观点放在一起，相互配合，才能各及所需。

这时候，我们就需要一座“生态银行”。

利用生态银行进行资源整合是最合适不过的了。

2018 年 8 月，武夷山市成立领导小组，设计了五夫镇自然和文化资源摸底表，完成五夫镇各类资源摸底确权工作。兴贤古街则位列其中，古街长千余米，始自五虹桥，由籍溪坊、中和坊、儒林坊、朱至坊、紫阳坊、双溪坊六个街坊组成，自宋朝开始便店铺商肆密布。兴贤书院、朱子巷、五贤井、紫阳楼一座座古刹的遗址也坐落于这片古老的土地上。

为了将古色古香的建筑和深厚的文化底蕴以更直观的形式体现出来，相关部门以此为基础，运用手绘形式，按商户分布绘制直观的古街业态一张图，并且利用 3D 数字历史建模技术，建立“古街数字化建档一张图”。

目前，五夫镇已收储登记农田资源 492 户 2065.5 亩、山林资源 2 户 349 亩、文物 2 处面积 751 平方米、民房 4 栋 636 平方米。发放存折 218 本，涉及农田的 216 本，收储面积 741 亩；房屋 2 本，收储面积 1940 平方米。已完成对五夫镇兴贤村、五一村、五夫村、溪尾村、典村村、翁墩村的房屋确权工作，共确权 2181 栋，总面积约 654300 平方米。

运用生态银行，资源整合无往不利。

用创意装点生态武夷——产品开发

自顺昌“森林生态银行”试点取得成效后，各地区都行动起来，开始发掘自身资源优势。五夫镇探索“文化生态银行”，将朱子文化带入到山水田园、特色民居之中，形成“文化统领、IP运营、全域全资源门类承载”的运作模式；建阳区探索“建盏生态银行”，依靠丰富的矿土资源，围绕建盏原材料资源、工艺、文化、创意、品牌五要素，开展资源整合与开发；延平区巨口乡建设“古厝生态银行”，成立巨福旅游投资公司，依托“国家生态镇”品牌、大量明清古厝、众多游乐业乡贤等优势，加快推进古厝资源开发；南平市探索“水生态银行”，充分利用南平水资源丰富、水质良好的优势，全面谋划开展优质水资源开发。

我们在不断探寻每个人都受益的方法，不仅仅是每个村民、每个农户，还有每个愿意提供方法和创意的人，手握良好的资源，对接庞大的市场。

自然资源一直就在那里，山河永驻，但并非取之不尽用之不竭；从古至今文化的珍宝一直流传在民间，可能是一栋古建筑，可能是一门手艺绝活，可这一切，正在慢慢消失。

难道我们要放任这些无价之宝被破坏殆尽吗？难道要等沙漠吞噬了绿洲，河水注满了污秽，空气里充满了尘霾吗？难道要等千年流传下来的文化结晶，慢慢被湮没，被人遗忘？为什么不从现在起，整合资源，合理开发利用呢？

你还能再找出一股清泉，甜过小时候家乡后山的那潺潺流水吗？那时候还有很多人把上街买水当笑话；你还能再找出一片星空，如同儿时一般闪亮吗？在繁华的城市夜景中，忙碌闪烁着的霓虹灯却黯淡了星辰。

有多少人愿意不惜一切代价，去拥抱曾经拥有的。

你现在最渴望的，就是最珍贵的，也是最能创造价值的。

生态银行将五夫镇的优势资源作为导向，策划并实施了一批农业旅游、文化旅游、乡村旅游等领域的优质项目。农业旅游方面，依托丰富山、田、林等自然资源，先后策划实施了万亩荷塘、田螺湾、葡萄园等项目；文化旅游方面，以朱子文化为核心，重点策划实施了朱子雕像、朱子文化园文公山、紫阳楼、兴贤古街等项目；乡村旅游方面，重点围绕乡村闲置房屋和周边自然景观，策划了府前村、东岸村、卜空村等文旅开发项目。

近年来，通过对全镇优势资源的整合，先后策划实施了总投资 500 万元以上的项目 63 个。其中，已建成项目 28 个，正在建设项目 22 个，谋划项目 13 个。

在这种体系下，“绿水青山就是金山银山”可不是说说而已，用我们的创意去装点，去包装，让市场去激活我们手中的资源。

资源变资本，资本变资产，村民变股东，正在逐步实现。

让绿水青山真正变成金山银山——激活市场

习近平总书记和党中央多次强调，要求树立生态文明发展观，就是认识到良好的生态环境基础对中国经济持续增长和社会健康发展的重要性。党的十八大，将生态文明纳入“五位一体”的大格局，生态文明新时代来临。党的十九大，再次对生态文明目标进行了总结和深化，绿水青山就是金山银山、树立生态文明观等也进入了党章。2018 年的中央经济工作会议对于加快推进生态文明建设作了专门的表述，其中，“恢复绿水青山”“生态保护修复”“生态文明体制改革”等被重点提及。

谁人不知武夷山。

她是江西与福建两省的天然交界；丹霞地貌，雄伟奇绝，武夷九曲，水石清华，朱熹曾作《九曲棹歌》曰：“武夷山上有仙灵，山下寒流曲曲清。”她又以独特的山水风光孕育了深厚的文化底蕴，自秦汉以来，多少思想家慕名而来，三教名山，终成一级；还有那远销海外的武夷岩茶，举世闻名。

“绿水青山就是金山银山”是不变的真理，但究竟是为何，明知如此，却依然大片山林被砍，草地被毁，湖泊被填埋？

生态变现需要时间周期，绿水青山的修复和维护需要成本，如何既要绿水青山又要金山银山，是全国的热点命题。

在党中央生态文明目标的要求下，各地应通过改革转变发展方式，构建生态文明的四梁八柱。目前的措施和方式因地而异，生态银行课题基于南平市自然资源和产业发展现状，探索如何让绿水青山变成金山银山的特色可持续发展路径。

生态银行对生态环境资源具有非常好的集优整合效果，通过这种整合，提高资源环境利用效率，可以有效解解决个人经营生产效率低下的问题，对摆脱贫困，集体致富具有积极意义。

让生态银行这一全新的概念进入人们的视野，成为连接经济行为和资源利用、环境保护的一座重要桥梁，让更多人接受它，运用它，也是我们要努力的方向。

生态银行，对于武夷山的生态开发，如同注入了一股新鲜的血液，势必带来活力与生机。

（唐瑞欣／文）

一种核算：
挖掘生态系统价值服务，留得绿水青山永常在

随着经济的迅速发展，国家开始对生态环境更加重视。作为生态文明制度体系的基础之一的“绿水青山就是金山银山”具体举措，已经逐渐深入人心。目前，仅仅将经济的增长速度作为评定政绩的标准有失偏颇，似乎少有人注意到生态价值的重要性，如果能够以生态系统服务价值不降低作为经济发展的前提，则能够使整个体系更加完整。

人们常说“纸上得来终觉浅，绝知此事要躬行”，不实践如何检验真理、得到真理？福建省率先在全国开展生态文明体制改革综合试验，争做生态文明建设带头者，武夷山市则被选取为生态系统价值核算的试点，通过生态系统生产总值（GEP）核算，为高质量发展提供决策依据。

明确价值，用具体的数据说话

那么，什么是生态系统的价值？看到“生态”和“价值”，不难想到是生态系统和经济相关联的产物，具体来说，是运用经济学的知识再借助一系列科学严谨的计算方法统计在一定的地区内某一段时间段服务价值和生态系统产品的总价值，可以认为是“生态版的国内生产总值”，也被简称为GEP。

福建省武夷山市依山傍水，有着悠久的历史，人文底蕴更是厚重，是世界文化与自然遗产双重遗产地。同时，作为国家重点

生态功能区，武夷山市承担水土保持、涵养水源和生物多样性维护等多种重要生态功能，与福建省的生态安全紧密相关。

到了武夷山，人们可能会情不自禁赞叹它秀丽的风景，但很少有人会去关注武夷山的生态身价。这主要是因为生态系统具有复杂性，各个生态系统之间也存在差异性，并且人们对生态系统的了解过于碎片化、零散化，这就使得“绿水青山就是金山银山”长久以来很难真正地应用到实践中去。

所以，在武夷山市开展生态系统价值核算具有其必要性和重要的意义。通过开展生态系统价值核算，以具体的数据描绘武夷山市生态系统运行的总体状况，评估武夷山市生态系统对人类福祉的贡献，同时也可以评估武夷山市生态系统对其经济社会发展的支撑作用，从而构建武夷山市生态补偿与生态产品开发政策。

充分准备，为试点工作铺路

2016 年 12 月，福建省人民政府印发《福建省生态系统价值核算试点方案》，提出由山区的武夷山市启动地区尺度的核算试点。

武夷山市政府首先将国家级研究团队作为开展核算的技术小组。要成事先成“人”，在进行精心的筛选过后，武夷山市政府最终委托原环境保护部环境规划院组织实施，相关人员瞄准国际前沿，努力汲取相关的知识，掌握最新的理念和最精湛的技术。同时，梳理国内外不同生态系统的主要理论方法体系，对相关概念和内涵进行界定，构建生态系统价值核算的基本理论与方法体系，以存量和流量、数量和质量、功能量和价值量、分类和综合相结合的原则，提出武夷山市生态系统价值核算的主要内容、核心指标、技术要点、核算方法和技术规范。收集武夷山市

天游峰　衷柏夷／摄

2010年和2015年土地调查、水资源调查和生物资源调查的各种数据，确定武夷山市各资源分类指标，构建武夷山市生态资产实物量核算指标体系和实物量核算清单。最后，在武夷山市召开系列会议，经过不断的讨论和改进后，让各方面内容都较为全面、合理。

脚踏实地，稳步推进相关工作

武夷山市生态系统服务价值核算的科学性和可操作性主要来自“三大保障”。

首先，科学性就能让人想到科学严密的思维，而这样的思路往往运用于过程中，所以第一个保障便是严谨的核算过程。小组成员首先要使整个核算的开始便是明确的，所以对于相关概念的界定是根据一定的科学标准严格定义的，同时对于整个生态资源进行了细致的分类，并给不同的分类制定了合适的指标，从而形成完整的核算指标体系。这样下来，其实整体的框架已经非常明确了，在建立体系的同时，小组成员还不忘自外向内考虑武夷山市的方方面面。既没有因典型失全面，也没有顾大局而失局部，始终保持着规范科学的态度，谨遵典型相关原则。

接着，想到过程自然就能让人注意到其后的结果，所以第二个保障便是准确真实的核算结果数据。小组成员首先在核算过程中就已经进行过多次的现场观摩、调查、收集数据，完成问卷调查、询问相关负责人员、记录相关数据等一系列操作，确保收集数据全面、关键、准确。

当然，结果还要是有效的，所以第三个保障便是有效可应用的核算成果。这个全面的结果中的各个部分都有其重要的功能和任务。在核算后得到的实物量和价值量的定量评估结果，要能够支撑生态承受能力的变化数据；而核算结果反映的各个生态资源流量和存量的变动，要能够为领导干部的审计制度实施提供依据；最后，核算要能够为各类标准的制定和绿色发展绩效考核提供评估指标。

同中求异，打造特色样本典范

武夷山市以其独特的价值和承担多个重要生态功能的山区型生态系统的特点，成功“吸引”了项目组成员的兴趣，项目组成员认为这里有得天独厚的林、水、土等资源，经过一番调研以及激烈的讨论，最后决定了从服务方面入手，对气候调节服务、生物多样性物种保育服务等七个方面罗列清单，并重点对武夷山市林地、湿地、田地三类生态系统的服务价值进行核算。

明确方向，引导支撑高水平发展

“GDP 反映一个地区的经济发展实力，而 GEP 则反映一个地区的生态文明水平。就一个地区的发展而言，它们就像是车之两轮、鸟之两翼，缺一不可。”福建省原环保厅相关负责人表示。核算 GEP，使得生态系统不仅是一个字面上的系统，而且成为能够真正发挥作用、有意义、有价值的生态系统。山山水水的数字化、具体化，让人们更直观、更清晰地认识到生态资源量化价值，同时还可以为领导干部的绿色发展绩效考核等提供数据支持。这样，既能树立牢固而正确的政绩观，还能够改变过去仅靠 GDP 论英雄的观点。

核算结果表明，2015 年武夷山市 GEP 为 2219.9 亿元，是当年 GDP 的 16 倍；人均 GEP 为 96.9 万元，单位面积生态系统服务价值为 0.79 亿元每平方千米，是全国单位面积生态系统服务价值 0.08 亿元每平方千米的 10 倍。这充分说明，虽然武夷山经济发展水平不够高，但其拥有十分宝贵的生态资源价值。对于这种生态优势，必须保护和发展，从而转化为产业优势。有了 GEP 这面政绩评价的新镜子后，当地保护良好的生态环境底气将更足。

同时，同年 GEP 核算结果中，在生态功能类别上，占 GEP 总量最高的为生物多样性价值，与 2010 年相比却减少了约 12 亿元，这样的结果令人担忧。在区域分布上，武夷山市星村镇的占比达到了 28%，相对于其他地区来说比较高。通过数据分析，当前武夷山市的生态文明建设在生物多样性方面应多加重视，通过防范生物多样性下降，避免因数量的改变导致质量的变化，主抓红星镇等地的环境保护。通过全面地掌握生态系统中各个项目的变化情况，更详细、更精准地衡量地区生态文明建设成果，从中找出不足，从而实现全方位的发展进步。

武夷山市作为 GEP 核算样本的试点，通过生态系统价值核算，在生态和价值之间建立起了紧密的网络，从而为绿色发展考核等提供依据。在此基础上，可以更全面、更详细地查缺补漏，只有不断改进，不断完善，才能够更加发挥生态系统价值核算的作用，使它的存在变得有意义、有深度。可以说，明确了生态系统价值，探索变生态财富为物质财富的道路，才能促进“绿水青山”向“金山银山”转变，使得绿水青山拥有“价值标签”。

（范昕玥 / 文）

一套生态补偿：换一片绿水青山

福建武夷山，天堑一般绵延雄踞于福建西北部，山路回环，溪流百转。

在这里，有已知的生物种类五千多种，其中49种野生动物为中国所独有，是保护生物多样性的重要基地；在这里，保存了世界同纬度带最完整、最典型、面积最大的中亚热带原生性森林生态系统；这里，是当之无愧的“研究两栖、爬行动物的钥匙”“鸟类天堂”“蛇的王国”“昆虫世界”。

“年年春自东南来，建溪先暖冰微开。溪边奇茗冠天下，武夷仙人从古栽。”这是范仲淹有感而发写下的《武夷茶歌》，如何守住碧水丹山，成了武夷山市政府积极解决的重要问题。

建立生态补偿机制，福建省正在生态文明制度建设方面不断地进行创新和探索。

2015年1月，省政府印发了《福建省重点流域生态补偿办法》，要求武夷山市统筹市直有关部门，切实地用好生态补偿资金，不断推进武夷山国家生态主体功能区试点示范建设，加大重点流域水环境治理和生态保护力度，加快国家级生态市的创建步伐。

不忘初心，牢记嘱托

2002年7月3日，在福建省环保大会上，时任省长的习近平

青龙大瀑布　邱慧钦 / 摄

同志说："如果经济增长了，人们手中的钱多了，但呼吸的空气是不新鲜的、喝的水是不干净的，健康状况不断下降，那样的经济增长并不是人民群众所希望的。"这朴实的话语实在是言近旨远。

"焚林而田，竭泽而渔。"《淮南子》里的这句话，已在古籍里载了两千多年。

多么简单平实的道理！绿茵遍野、湖光山色，是用钞票买不回的。当生态环境被破坏殆尽，真到了再也寻不到一片闪烁的星河，甚至找不到一口干净的水，连最基本的生存需求都无法满足的时候，我们拿什么保障自己的生命？

试想，如果因为贫穷，就简单粗暴肆意地消耗生态环境，最后由谁来买单？长久以来，无论是靠山吃山靠水吃水的原始生存方式，还是疯狂透支自然资源的破坏性经营模式，都不是正确的选择。生态环境破坏容易修复难，这已经不是谁来买单的问题了，因为谁也买不了这一单。因此，绝对不能以牺牲环境为代价换一时一地的经济增长。

2017 年，党的十九大首次将"必须树立和践行绿水青山就是金山银山的理念"写入大会报告；大会新修订的《中国共产党章程》总纲中明确指出：要树立尊重自然、顺应自然、保护自然的生态文明理念，增强绿水青山就是金山银山的意识。

不忘初心，牢记嘱托。一晃十余年，沿着习近平总书记开创的生态之路，2014 年武夷山市被列为国家主体功能区建设试点示范单位，2015 年被列为国家公园体制试点，2016 年被纳入国家重点生态功能区。同年底，武夷山市迈入国家级生态市行列。

为了贯彻绿色发展的理念，从空气治理到流域整治，从绿化建设到林地保护，福建省堪当全国楷模，而武夷山又是福建省的

水美城市　翁培义／摄

排头兵。

脚踏实地，建设水美城市

武夷山，是一座山水相依的城市，而哺育这座城市的母亲河便是崇阳溪。崇阳溪发源自武夷山脉的巍峨高山，一路向西南奔腾，其间无数支流汇入，这里曾是“万里茶道”的重要水道枢纽，也滋养了两岸的莽莽山林和茶园。著名的九曲溪就在大王峰脚下汇入崇阳溪。

崇武溪水浩浩荡荡，进入武夷山城区。夜幕降临，华灯初上，水光潋滟，夜晚的崇武溪，在灯光辉映下有说不出的妩媚。一艘游船缓缓驶来，在水面上划开两道长痕。

这是武夷山市打造的“夜游崇阳溪”项目，在星辉和灯火之间穿越古今。乘客在船内，可品武夷岩茗，也可赏城市夜景，还可以观诗意演出。这场名为《醉美云河夜》的大型游船行进式实景演出，让游客在游船上观看，表演在河岸上进行，结合武夷山茶文化、柳永诗赋、传统民俗文化等元素，描绘了“醉”而“美”的诗情画意。

而这，就是武夷山市积极探索建立多元化的生态保护补偿机制，建设水美城市的成果缩影。近年来，武夷山市始终坚持认真贯彻五大发展理念，坚持“生态立市”发展战略，将保护生态资源、建设生态文明摆在首要位置，以“绿色发展、清新武夷”为主题，以加快转变、跨越发展为主线，保护清新福地，展示优美武夷。

一路走来，武夷山市政府脚踏实地、攻坚克难，利用强有力的生态补偿措施带动项目进程。2015 年，武夷山市共获重点流域生态补偿资金2509.27万元，污水管网建设及垃圾设施处理项目资金2000万元。2016年重点流域生态补偿资金达2926.12万元。

在资金下达时，细化项目、明确建设单位和项目主管部门；在资金安排上，保护饮用水的水源地，完善城乡污水垃圾处理设施，加强畜禽养殖业污染整治、水生态修复、水土保持、造林防护，聚焦水库移民安置区环境整治，针对重点问题进行全面而细致的攻坚。

生态补偿，事无巨细

武夷山市北郊的东溪水库，一只秋沙鸭从水面惊起，桃红色的鸭掌在碧水中溅起斑斓的波光。鹅黄的头颈，全身的羽毛在晴朗的阳光下散发出鱼鳞般闪耀的光芒，贴着水面，振翅而飞，好似一只跃出水面的锦鲤，具有流畅而修长的曲线，极具运动的美感。

这种珍稀而美丽的动物，有了安家之所，得益于武夷山市水环境保护综合工程的推进。问渠那得清如许？为有源头活水来。优先保护水源地是生态补偿的首要任务。

建立饮用水源地生态补偿机制，加强饮用水源地污染整治与生态建设，确保饮用水源安全。建立生活饮用水源保护区以及东溪水库源头水保护区，禁止所有可能污染水源的各种活动。彻底取缔饮用水水源一级保护区内的排污口，使不达标的饮用水水源地排污总量大幅削减。经过多方努力，水源地水质得以大大改善，饮用水水源地水质达标率100%。新建污水处理设施10套，新增污水处理量1250吨日，完善度假区污水管网建设，污水处理率达96.5%。

在加强水源地保护的同时，控制用水总量，为此，每个举措都抓住要害，多管齐下。发展节水节能技术，为水资源循环利用提供支撑；加强水源涵养林和水土保持林建设；切实贯彻《中华人民共和国水土保持法》，加大执法力度，将水土保持方案审批纳入基本建设审批管理程序，防止新的水土流失；大力发展节水型农业、工业和服务业。

一句话："饮水要安全，用水要节约。"

又到了 11 月，又到了金秋时节，红色的枫叶宛若一片烟霞，和成片墨绿色的树冠一同交织在山坡上。

武夷山上梅乡的那棵银杏古树挺拔地矗立，如同一杆直插天空的金色火把，银杏树叶在秋风中不断散落，就是那燃尽了的星火。正是秋高气爽的好时节，天高云淡，层林尽染，美不胜收。

这样的美景在武夷山不止一处，随处可见。

武夷山森林覆盖率达 80.46%，为加强生态公益林的保护，大力培育森林资源，市政府建立了重点生态区位商品林收储基金，每年筹集收储基金 2000 万元以上，其中，市财政统筹各项基金，从 2015 年起，在预算安排收储基金 1000 万元的基础上，逐年增加投入。

生态市建设期间，林业资源保护实施了四大工程：一是生态公益林保护工程，闽江源头九曲溪和崇阳溪，东溪水库流域范围内的水源涵养林，以及世界遗产地和自然风景名胜区范围内生态林和风景林，全部需要重点保护。此外，进一步加强古树名木的保护，千年古树风刮不倒水冲不垮，也抵不过刀斧之利，所以严厉禁止阔叶林砍伐，禁止林木砍伐十分有必要。二是生物多样性工程，加强濒危和珍稀物种的拯救工作，实施猕猴自然保护和兰花原生地保护建设项目，扩大乡土珍贵树种基地建设项目。三是实施绿色通道和城乡绿化一体化工程，将绿色长廊建设在铁路、道路两侧，让绿色融进我们的生活。四是推进森林灾害防控工程，加强由森林火灾监测预警到扑救指挥系统的建设，完善林业有害生物预警监测、检疫御灾和防治减灾系统建设。

这套补偿机制，是一个庞大的工程，也是一个艰难的过程，为了建设水美城市的美好愿景，细化每一个项目，有针对性地攻克难关，经过不懈的努力和探索，武夷山市在生态环境保护和可持续发展方面取得了显著成效。

武夷山，这个美丽的地方每年都吸引着千千万万的游客，无数的人来了又走，什么能留在他们的记忆里？我想应该是这山、这水，因为它们是自然的一部分，是带不走的诗情画意。而这份自然之美，是所有武夷山人共同努力，才得以保留下来的风景。

来这里看看吧，看看武夷山的好山好水，美人美景。

（唐瑞欣 / 文）

一城美食：舌尖天下，武夷寻味

动车在一个个隆起的山丘之间穿行，窗外突然间暗下来，那是列车冲进了隧道里。当动车驶出隧道时，天光仿佛“哗”的一下被打开，车窗外的风景又重新进入了我的视野，山和水都被蒙上一层云雾，这层水汽铺开，随着看不到尽头的山岳一起向远方连绵。

跟随着飞速的动车，我来到了武夷山，饥肠辘辘的我迫不及待地开始觅食。

吴屯鲤鱼干　林跃新／摄

岚谷熏鹅　肖志勇／摄

一栋栋红顶白墙的建筑，整齐地坐落在武夷山下，每一个转角，每一个街头巷尾，只要抬眼，就可以看到巍峨的武夷山，如同一个巨人在低矮的房屋之间侧卧着小憩。当地人在这里，经营着民宿、客栈以及各类商铺。

而我，也是在这里，找到了期待已久的武夷山特色美食——岚谷熏鹅。

眼前这盘熏鹅，散发着独特的熏烤香气，它饱满光润的色泽，已经令我的唾液腺不可抑制地分泌起了唾液。

在武夷山，岚谷熏鹅极负盛名，是一道酒席上必备的佳肴，它的独特之处在于制作手法和用料取材。岚谷气候宜人，是“九山半水半分田”的山乡，水草沃腴，又有良田净水，养人也养鹅，是一处天然的鹅场。

当地乡民自古就有饲养白鹅的传统，其合用功效正如李时珍在《本草纲目》所记载的，“利五脏，解五脏热，煮汁止消渴”。从生物学价值上来看，鹅肉蛋白是全价蛋白质，脂肪含量低，富含人体必需多种氨基酸、维生素、不饱和脂肪酸、微量元素以及矿物质，是有益人体健康的上佳食材。

夹起一块鹅肉，观察外皮在熏烤过后显现出的红润油光，涂抹在鹅外表上的辛辣鲜香的酱料，在高温的热气里已经慢慢渗透到每一缕紧紧贴合的肉质纤维当中。

一口下去，立即感受到弹性十足的外皮带来撕咬的快感，酱料的咸辣味也在口腔里发酵，迅速侵入了整个口腔。随之而来的是鹅肉的口感，软而不糯，紧而不柴，还有即使是浓浓的熏香也掩盖不了的麻辣香味，同时融入唇舌的还有茶香、桂叶香及糯米香味，真乃人间美味。

熏鹅的制作工序里有三个步骤，可以对处理好的食材进行色、香、味的恣意烹制。首先，将鹅表皮的碎绒及内脏都清理干净，露出光润白皙的肌肤，再放入沸水中，加盐、八角，桂皮、香叶等辅料去腥，煮制鹅肉酥软。接下来涂料，将辣椒粉和盐混合在一起炒制，将制好的调味料均匀涂抹在鹅的全身，在表皮还带有出锅之后的余温时涂抹更容易入味，此时布满红色辣椒粉的鹅越发显得秀色可餐。最后一步则是点睛之笔，因为熏制时放入了茶叶、桂叶及糯米，正宗武夷熏鹅特有的熏香就在此时随烟气浸入鲜美的鹅肉。

如今武夷山特色美食岚谷熏鹅已经广为人知，“岚谷熏鹅”已获得国家地理标志证明商标。在发展地方特色经济的过程中，人们保留独具特色的传统加工方式，发展绿色农业生态产业，采用先进的立体种养技术，成功地创设品牌，同时应用电子商务营销，合理转化生态价值。

让农民增收的同时，还使难得的美味得以保存，岚谷熏鹅就是你来武夷山不可不品尝的美食。

岚谷乡位于武夷山北部，海拔区间为289米～1540.2米，是闽江的源头。有着这样独特的地理环境，森林覆盖率高达86%，当地人常说："冬笋西鱼仙家有，南茶北米无处寻。谁说北米无处寻，就在岚谷石臼里。"

这首打油诗的最后提到了"北米"，正是武夷四宝"东笋南茶西鱼北米"中的四宝之一。为了打响"岚谷北米"品牌，岚谷乡注册成立了武夷山市石臼里大米农民专业合作社，而岚谷古时地名"石臼里"也成了当地农产企业的注册商标。该合作社流转600多亩山垄田，引进包含去石机、碾米机、抛光机、色选机及真空包装机等设备的流水生产线，实现了水稻种植、加工、包装上市产供销一条龙服务，带动了全乡2000多户村民从事优质水稻的种植。

在武夷山，这样因地制宜的农产品不胜枚举。

武夷山是福建省一个重要的粮食产地，北米生长于武夷山市北路的吴屯、岚谷两乡，北米的好品质和当地高山地区特殊气候相关，温润多雨、土壤肥沃，可谓是"臻山川精英秀气所钟"。当地大米谷种适应性极强，出米率也极高，米粒晶莹饱满，如同玉一般散发着温和的光泽，蒸饭时独特的米香随着蒸汽一起升腾，光是闻之就能让人食欲大增。此外，吴屯的红米、黄萝米也盛名远播。

开车经过当地一片水田，风儿吹拂着成片成片碧绿的禾苗，在绿浪里吹开一层一层的涟漪。休息的农人坐在一旁，似在等待着下一次的"稻花香里说丰年"。

说完北米，不得不提的就是东笋了。东笋产于武夷山市东路的上梅乡厅下、金竹、首阳村一带，那里的竹笋没有一般笋里的土腥，口感嫩而不腻，脆而不滑。笋干炖肉是当地一道很简单但是却独具风味的特色菜。肉味进了笋里，笋香融入肉中。

近年来，武夷山市始终坚持“生态立市”发展战略，将保护生态资源、建设生态文明摆在首要位置，以“绿色发展、清新武夷”为主题，保护清新福地，展示优美武夷，大力实施林地生态补偿。在下梅乡厅下村，除了有很多国家重点保护的古树之外，还有1.3万亩毛竹林，人均竹山10亩之多，当地产业大多与种植竹、笋有关。

毛竹林海，所谓雨后春笋，每年一到春雷滚滚的季节，竹林里便有嫩笋不断冒出来，当你一层层地拨开金黄的外衣，就能看见里面包裹的是丰盈雪白的笋肉，鲜嫩爽口。笋干处理好便可打包销售了，方便保存，童叟无欺。

“有碗有筷方有味，夷山夷水故怡家。吴屯岚谷鱼鹅辣，五夫下梅莲茶香。”这首当地民谣中提到的和岚谷熏鹅并列的五夫白莲，也是武夷山著名的特产。

五夫白莲主要生长于武夷山市东部的五夫镇，因地得名。每年一到盛夏时节，莲花就竞相绽放，而五夫镇的白莲种植基地也仿佛进入了“映日荷花别样红”的图景。幸运的是，五夫镇发展特色观光旅游农业，造福百姓和游客，这里的白莲种植基地对游人开放，我也得以在美景中流连忘返。

千亩荷塘，那墨绿而宽广的叶盘，托出一盘晶莹的水珠，闪烁着水晶般的光芒。莲叶成片连着远山，无数莲花从田田荷叶之间冒出来，没有打开的如同玉杯，绽开的莲瓣带着一点点粉色，在雪白花瓣的顶尖上染晕开来，如同少女雪白面颊上的粉嫩腮红。金黄的香尘在莲花的花蕊周围，环绕着金盏似的莲心。

五夫白莲　市场监督管理局／供图

五夫白莲是武夷山著名的农业特产，莲子颗粒圆润饱满，颜色瓷白，甘醇爽口，健脾养胃，营养丰富，是一种低脂肪、高蛋白、补心、益肾、养肝的纯天然绿色食品。粒大色白的五夫白莲，文火炖煮不多时就熟了，久火而不老不化，散发出扑鼻的馨香，还能滋补元气，乃是莲中极品。白莲在唐宋清朝时期都曾作为宫廷贡品，种植历史可谓十分悠久。历史上曾有“闽邦渊源水清清，朱子故里荷田田”的记载，说的就是过去朱子居住的紫阳楼前种植的成片荷田，朱熹年少在五夫读书时，就有祝夫人煮莲教子的传说。

如今，五夫镇的白莲不仅有莲子食用和莲叶观赏的用途，当地政府部门还把这种特色种植发展成旅游休闲观光农业，成为当地人民增产增收的新兴产业。五夫白莲的种植面积已达 7000 亩，有 350 多个品种。为了进一步提升白莲产业化水平，弘扬朱子文化，五夫镇党委政府不断推进农民创业园和朱子园项目的开发建设，举办了丰富多彩的文化活动，让人们在观赏荷花、品味美食、景仰朱子的活动中感受到五夫别具风味的乡间美景，以“荷花”为主题，把五夫打造成特色生态旅游景区。

武夷山市政府工作报告中提出“全面推进乡村产业振兴、人才振兴、文化振兴、生态振兴、组织振兴，让农业成为有奔头的产业，让农民成为有吸引力的职业”，为了达成这样的目标，就不仅要让农民安居，还要让农民乐业。

其中，增强农业农村实力，包括在发展岚谷熏鹅、五夫白莲等特色产业的同时，加强市场对接和品牌创建，着力打造一批武夷生态农产品；大力发展“回归经济”，动员乡贤、外出青年、农民工等返乡创业，只有这样农业经济才能充满活力，农村面貌才能焕然一新。武夷山的发展，着力民本为先，在民生幸福高指数上展现作为，巩固精准脱贫成果，加快补齐民生短板，全面建成小康社会。

寻味武夷山，这一城美食，色香味俱全，背后是着眼全局的发展观念。这，也许才是武夷山水最耐人寻味的地方。

（唐瑞欣／文）

一场演出：
山水呢喃梦一场，古今勘破皆浮生

仙翁遗石灶，宛在水中央。饮罢方舟去，茶烟袅细香。

——朱熹

一

是夜，熙熙攘攘的人流，交织着向通道深处涌去。翻过深深的竹篱，走过长长的阶梯，穿过青青的草地，终于到了旋转舞台的边上。巨大的木架在黝黑中沉默地匍匐，满地的碎叶被风儿卷起又落下。跨过江水，目之所及，在那远得只剩下轮廓的地方，两处被点亮的青白色山头遥遥相望。树影，竹林，秀水，青山，铺路的石子，岸旁的野花，缺角的立柱，无论白天经历了怎样的日晒雨打，暗夜都会给它们披上一层恬静的轻纱。环形剧场里，一千九百八十八个座位，挨个渐次静候在那里，逐渐被挪动着的芝麻小点儿填满。也不知究竟是在等待着谁，是天南海北过路的客人，还是久久离家未归的主人？抑或是，等待着那，杯中一轮月，月上满茶香。

二

少时，入座完毕。提示音里，灯暗下去，舞台却亮起来了。水波浮动的脆响，仿佛落玉一般，丁零当啷，稀里哗啦。波纹漫

印象大红袍　袁柏夷／摄

延开去，推开了夜色，漾起了清香。那波浪声里，带来了细细扁扁一尾舟，舟上立着一个人。光束一打，身影一动，嗓子一扬，“我是正正宗宗、地地道道的武夷山人，我的祖祖辈辈都生活在这里，养茶、种茶、采茶，并把它制成，您手中的那一杯杯，武夷茶……”是那样厚实又纯粹的声音，驰骋在山野间，只需少顷，便已让人卸下心防。晶莹润透的茶，洗刷的是蒙尘已久的心。今夜，在此处，你无须知道自己从哪里来，也可忘了自己即将往何方去，所需的，只是一场完完全全、彻彻底底的流浪。流浪到世道之外，潜行到仙境之中，抛下一切，克制又放纵，许自己原地重回故里，许自己清醒沉入梦乡。

三

一灭，一闪，剪影出来了。再一灭，一闪，楼阁出来了。三闪三灭后，是素白的衣裙，是清丽的面庞，裹在白纱里，藏在布缕下，娉娉婷婷，朦朦胧胧，影影绰绰，在浓重的夜色里盛放。聚光灯一打，楼顶的茶仙也不再孤独了，指尖带起的都是揭盖而溢的蒸汽，足尖所掠处都是才冒出尖的青芽。沐浴，更衣，焚香，冲茶，烦琐后隐藏的是郑重，朴素中隐藏的是悠然。陡然地，一杯茶下，忽而变得满目流光溢彩，满目极尽芳华。红裙金链，铃声叮当，美到极致。回眸深处，一眼万年，便是过分勾魂，也不知有谁被骗去了魂魄。勾栏酒肆，都因茶气晕染而褪去胭脂俗粉；灯红酒绿，都因茶香氤氲而被勾勒得清浅淡然。缥缈之下，醉在繁华之后，醒在无人之中，忽而发觉，一切都消散了，只剩桌上那一杯清茶，还静立在那里，提醒着每个人，这并非大梦一场。

四

光束变幻起来了，在江面上交错纵横着，掠过山尖，藏到谷底，化作光斑跳跃着，又在丛峰间隐去。星星点点的渔火，排着队过来了，竹筏上的人儿歌唱着，也不知是在歌颂着谁的幽梦。跨越千古，遥遥相望的大王和织女啊，屹立在那里，在那个荒无人烟的地方，可望而不可即的距离，数不尽的思念沉淀而下。谁还记得当日白马青裳，肆意飞扬？谁还记得屋后炊烟，袅袅升起？谁还记得窗边烛火，一灯荧荧？谁还记得山中初遇，巧笑嫣然？茶还是当时的茶，一样的好，一样的香；人却已不是当年的人，而是那两座山。品茶的人儿们啊，请不要忘记，曾经是他们给你们留下了那一湾清泉，那一株青茶。所以，也请你们代替他们，好好地完成那一眼凝望。

五

静，寂静，寂然的静，寂寞的静，终又回到，寂静的静。都说只有极度的纯粹，才能带给人极致的专一。当视觉备受阻挡之时，鸟叫、虫鸣才会显得格外清晰。近处的已是看了个遍的了，于是再将视角放远、放空，直到月光都涣散了，轮廓都模糊了。山河永驻，天地浩荡，人却只寥寥其中一粟，何其幸，又何其不幸。也不知是何位仙人临畔，也不知是何时暮色斐然，乘水离岸去，不禁要问，人生有何苦，而茶又有何香？人生的苦从酒中来，而茶的香却是从人生的积淀中来，因此怪不得要称道，都说天上有美酒，却难闻地上有好茶。这一杯茶，敬古今，敬岁月，敬那些，在漫长时光中，被人们所遗忘的，清闲心境与悠闲时光。

六

春夏秋冬，一年变幻，四季轮回。春是欢快的播种季，也是勤劳的进行曲，更是采摘的丰收时。这里的先民们，以人育茶，又以茶养人，待得久了，早已与茶结为一体，不仅是茶叶成就了他们，他们也便成就了那茶了。此地的人儿，年年岁岁，便在这无尽的轮回中浸透了茶气，习透了茶艺，也悟透了茶道。那或翠绿或亮黄的叶隙间，翻飞的是采茶女的发辫，挥洒的是种茶农的湿汗，远播的除了歌颂青茶的吟唱，还有对未来的渴盼与向往。茶叶是等不得的，要摘就必须得采嫩的；而人生也是等不得的，得像采茶那样一茬茬地收割。想做的事就得马上去做，想见的人就得马上去见，是像茶叶那样亮眼而明晃晃的色泽，不可替代，也无法被洗刷。那冲天而起的热浪，也不知是制茶的蒸气，还是人们心中的热忱？

七

市井之下，浮光之上，林中茶啊，经了数不清的工序，终于被热汤冲散填满，溢出本该属于它的清香。雨后病倒的那一位书生啊，进京赶考前，又可曾想到，这一碗茶，会成为他与此地剪不断的牵绊？门前玩耍的那一位孩童啊，又可曾想到，这浸润到梦里的气息，会成为自己此生无法放下的念想？一户一茶具，百户百家茶，看似相似，实则不是。茶有茶的故事，人有人的故事，谁又清楚，谁的茶里藏着谁的欢乐，谁的茶里又有谁的辛酸？

八

终于，一切都结束了。一道道烛光渐次隐去，一行行身影踽踽独行着，既看不清面容，也看不清岁数。这是一个巨型茶馆，这场演出本身就是在借茶说山、说文化。假如有一天，人人都能把烦恼、抱怨、痛苦和郁闷都放下，只是坐在那儿，安详地喝杯茶，从茶叶的缝隙里，滤去那些生活中的嘈杂与喧嚣，只留下那些宁静、和谐与美好，那样的日子，又有谁人能不向往？但放空过后，生活总会恢复到它原本的模样。从今往后，也许不会再回到此处，也不会再见着这些素昧平生的人儿们，但不应当被遗忘的是，日子原本就应是在茶里过，而不仅仅只是在日子里喝一碗茶。《七碗茶诗》有云："一碗喉吻润，两碗破孤闷。三碗搜枯肠，唯有文字五千卷。四碗发清汗，平生不平事，尽向毛孔散。五碗肌骨清，六碗通仙灵。七碗吃不得，唯觉两腋习习清风生。"人生七碗茶，又有哪一碗才是自己的呢？

九

"您把心放下，您把杂事儿放下，您把烦恼放下，您把痛苦放下，您把抱怨放下，您把伟大理想放下，您把朝九晚五放下，您把怀才不遇放下，您把人情世故放下，放下……找个工夫，喝杯茶吧。"

今夜，山与水同唱；今夜，灯与月相辉；今夜，与你共遇见这一场，原汁原味的，武夷山。

（刘冠秋 / 文）